WERKSTATTBÜCHER
FÜR BETRIEBSANGESTELLTE, KONSTRUKTEURE UND FACH-
ARBEITER. HERAUSGEGEBEN VON DR.-ING. H. HAAKE, HAMBURG

Jedes Heft 50—70 Seiten stark, mit zahlreichen Abbildungen

Die Werkstattbücher behandeln das Gesamtgebiet der Werkstatts-
technik in kurzen selbständigen Einzeldarstellungen: anerkannte Fachleute und
tüchtige Praktiker bieten hier das Beste aus ihrem Arbeitsfeld, um ihre Fach-
genossen schnell und gründlich in die Betriebspraxis einzuführen.
Die Werkstattbücher stehen wissenschaftlich und betriebstechnisch auf der Höhe,
sind dabei aber im besten Sinne gemeinverständlich, so daß alle im Betrieb und
auch im Büro Tätigen, vom vorwärtsstrebenden Facharbeiter bis zum leitenden
Ingenieur, Nutzen aus ihnen ziehen können.
Indem die Sammlung so den Einzelnen zu fördern sucht, wird sie dem Betrieb
als Ganzem nutzen und damit auch der deutschen technischen Arbeit im Wett-
bewerb der Völker.

Einteilung der bisher erschienenen Hefte nach Fachgebieten

I. Werkstoffe, Hilfsstoffe, Hilfsverfahren   Heft

Der Grauguß. 3. Aufl. Von Chr. Gilles.................................... 19
Stahl- und Temperguß. 3. Aufl. Von E. Kothny........................... 24
Die Baustähle für den Maschinen- und Fahrzeugbau. Von K. Krekeler........ 75
Die Werkzeugstähle. Von H. Herbers...................................... 50
Hartmetalle in der Werkstatt. 2. Aufl. Von A. Rottler.................... 62
Kupfer und Kupferlegierungen. 3. Aufl. Von H. Keller u. K. Eickhoff...... 45
Leichtmetalle. 3. Aufl. Von F. Böhle. (Im Druck)......................... 53
Hitzehärtbare Kunststoffe — Duroplaste —. Von A. Nielsen †............... 109
Nichthärtbare Kunststoffe — Thermoplaste —. Von H. Determann............ 110
Furniere—Sperrholz—Schichtholz I. 2. Aufl. Von J. Bittner................ 76
Furniere—Sperrholz—Schichtholz II. 2. Aufl. Von L. Klotz................. 77
Härten und Vergüten des Stahles. 6. Aufl. Von H. Herbers................. 7
Die Praxis der Warmbehandlung des Stahles. 6. Aufl. Von P. Klostermann... 8
Brennhärten. 2. Aufl. Von H. W. Grönegreß................................ 89
Induktionshärten. Von E. Höhne... 116
Elektrowärme in der Eisen- und Metallindustrie. 2. Aufl. Von O. Wundram.. 69
Die Gaswärme im Werkstättenbetrieb. Von F. Schuster...................... 115
Die Brennstoffe. 2. Aufl. Von E. Kothny.................................. 32
Öl im Betrieb. 3. Aufl. Von K. Krekeler u. P. Beuerlein.................. 48
Farbspritzen. 2. Aufl. Von R. Klose...................................... 49
Anstrichstoffe und Anstrichverfahren. Von R. Klose....................... 103
Rezepte für die Werkstatt. 6. Aufl. Von W. Barthels...................... 9
Dichtungen. Von H. Trutnovsky.. 92

II. Spangebende Formung

Die Zerspanbarkeit der Werkstoffe. 3. Aufl. Von K. Krekeler.............. 61
Gewindeschneiden. 5. Aufl. Von O. M. Müller.............................. 1
Bohren. 4. Aufl. Von J. Dinnebier.. 15
Senken und Reiben. 4. Aufl. Von J. Dinnebier............................. 16
Innenräumen. 3. Aufl. Von A. Schatz...................................... 26

(Fortsetzung 3. Umschlagseite)

WERKSTATTBÜCHER
FÜR BETRIEBSANGESTELLTE, KONSTRUKTEURE UND FACH-
ARBEITER. HERAUSGEBER DR.-ING. H. HAAKE, HAMBURG
HEFT 45

Kupfer und Kupferlegierungen

Von

Dr.-Ing.   Dipl.-Phys.
Hans Keller und **Klaus Eickhoff**
Ulm a. D.

Dritte völlig neubearbeitete Auflage
des früher von **R. Hinzmann** † bearbeiteten Heftes

(12. bis 17. Tausend)

Mit 22 Abbildungen

Springer-Verlag
Berlin / Göttingen / Heidelberg
1955

Inhaltsverzeichnis.

Vorwort 3

I. **Kupfer** 3
   A. Vorkommen und Gewinnung 3
   B. Einteilung und Verwendungsgebiete 4
   C. Eigenschaften 5
      1. Festigkeitseigenschaften S. 5 — 2. Physikalische Eigenschaften S. 7. — 3. Korrosionsverhalten S. 9.
   D. Verarbeitung 10
      1. Spanlose Formgebung S. 10. — 2. Spanabhebende Bearbeitung S. 11. — 3. Verbindungsverfahren S. 12. — 4. Kupferguß S. 13.

II. **Messing** 14
   A. Allgemeines 14
      1. Einteilung S. 14. — 2. Gefüge S. 14. — 3. Verwendungsgebiete S. 17.
   B. Eigenschaften 18
      1. Festigkeitseigenschaften S. 18.—2. Physikalische Eigenschaften S. 20.—3. Korrosionsverhalten S. 20.
   C. Verarbeitung 22
      1. Spanlose Formgebung S. 22. —2. Wärmebehandlung S. 26.—3. Spanabhebende Bearbeitung S. 27.—4.Verbindungsverfahren S. 28. —5.Oberflächenbehandlung S. 30
   D. Sondermessing 32
      1. Zusammensetzung S. 32. — 2. Festigkeitseigenschaften S. 34.—3. Physikalische Eigenschaften S. 34. — 4. Korrosionsverhalten S. 34. — 5. Verwendung S. 35. — 6. Guß-Sondermessing S. 36.

III. **Neusilber** 37
      1. Einteilung und Verwendungsgebiete S. 37. — 2. Eigenschaften S. 39. — 3. Verarbeitung S. 39.

IV. **Kupfer-Nickel** 40
      1. Einteilung und Verwendung S. 40. — 2. Eigenschaften S. 41. — 3. Verarbeitung S. 41.

V. **Bronze** 42
   A. Zinnbronze und Mehrstoff-Zinnbronze 42
      1. Allgemeines S. 42. — 2. Eigenschaften S. 43. — 3. Verarbeitung S. 45.
   B. Aluminiumbronze 45
   C. Bleibronze 47
   D. Berylliumbronze 49
   E. Manganbronze 49
   F. Nickelbronze 50

VI. **Rotguß** 50
      1. Zusammensetzung S. 50.—2. Schmelzen und Gießen S. 50.—3. Festigkeitseigenschaften S. 51. — 4. Verwendung S. 52.

Chemische Kurzzeichen:

   Al = Aluminium, As = Arsen, C = Kohlenstoff, Cu = Kupfer, Fe = Eisen, H = Wasserstoff, Mn = Mangan, Ni = Nickel, O = Sauerstoff, P = Phosphor, Pb = Blei, S = Schwefel, Sb = Antimon, Si = Silizium, Sn = Zinn, Zn = Zink.

Alle Rechte, insbesondere das der Übersetzung in fremde Sprachen, vorbehalten. Ohne ausdrückliche Genehmigung des Verlages ist es auch nicht gestattet, dieses Buch oder Teile daraus auf photomechanischem Wege (Photokopie, Mikrokopie) zu vervielfältigen.

ISBN-13: 978-3-540-01968-8   e-ISBN-13: 978-3-642-87249-5
DOI: 10.1007/978-3-642-87249-5

Vorwort.

Kupfer und seine Legierungen, die unter den Namen Messing, Tombak, Bronze, Rotguß und Neusilber bekannt sind, besitzen auch heute trotz der gewaltigen Fortschritte, die auf den Gebieten der Leichtmetalle und der Stähle erzielt wurden, ihre große Bedeutung, wie es sich in den steigenden Verbrauchsziffern für Kupfer, Zinn, Zink und Nickel ausdrückt. Ihre gute Korrosionsbeständigkeit, ihre hohe Festigkeit, ihre ausgezeichnete Verarbeitbarkeit und nicht zuletzt Farbe und Aussehen in Verbindung mit anderen positiven Eigenschaften werden ihnen diesen Platz auch in Zukunft sichern. Eine Unterrichtung über Herstellung, Verarbeitung und Eigenschaften ist deshalb für Ingenieure, Meister und Facharbeiter in der metallverarbeitenden Industrie notwendig. Hierzu möchte das vorliegende Werkstattbuch beitragen, dessen zwei erste Auflagen mit dem Titel „Nichteisenmetalle I" von Dr.-Ing. R. HINZMANN (gest. 26. 4. 45) in den Jahren 1931 und 1941 erschienen sind. Es ist ein besonders glücklicher Umstand, daß in der vorliegenden Neubearbeitung der größte Teil der in letzter Zeit überarbeiteten Normblätter für Kupferlegierungen bereits berücksichtigt werden konnte.

I. Kupfer.
A. Vorkommen und Gewinnung.

Seit Beginn der Geschichtsschreibung bis zum Mittelalter war Kupfer das vom Menschen am meisten verarbeitete Metall. Heute folgt es in der Weltproduktion hinter dem Stahl, es steht aber noch an zweiter Stelle aller Metalle und ist unter den Nichteisenmetallen das bedeutendste, sowohl hinsichtlich der Menge als auch des Wertes.

Während Europa in der ersten Hälfte des 19. Jahrhunderts noch etwa 60% der Welterzeugung bestritt, wurde es später von anderen Erdteilen, besonders von Nordamerika, in stürmischer Entwicklung überholt, so daß es heute nur noch mit etwa 8 bis 10% an der Welterzeugung teilnimmt. An der europäischen Produktion war Deutschland bis zum Ende des zweiten Weltkrieges mit etwa $1/_8$ beteiligt. In Deutschland finden sich abbaufähige Lagerstätten nur bei Mansfeld, dessen Kupferschiefer bis zu 3% Kupfer enthält und seit mehr als 700 Jahren bergmännisch abgebaut wird. In den europäischen und überseeischen Lagerstätten kommt Kupfer meistens als Sauerstoff- oder als Schwefelverbindung vor mit höchstens 3 bis 8% Kupfer, selten in gediegener Form. Zu den ersten, den *Oxydkupfererzen*, gehören Rotkupfererz Cu_2O und Malachit, ein basisches Kupferkarbonat $CuCO_3 \cdot Cu(OH)_2$, die beide besonders im Ural, in Nordamerika und in Australien gefunden werden. Zur zweiten Gruppe, den *sulfidischen Erzen*, sind Kupferglanz Cu_2S, Buntkupfererz Cu_3FeS_3 und Kupferkies $CuFeS_2$ zu zählen, die hauptsächlich in Chile, Kalifornien, Australien und Rußland vorkommen. Die Aufbereitungsverfahren richten sich in den verschiedenen Ländern nach der Zusammensetzung der Erze und nach den Verunreinigungen.

Die *schwefelhaltigen Erze* (wie auch der Mansfelder Kupferschiefer) werden zuerst „abgeröstet", dabei geben sie schweflige Säure ab; der Rückstand wird im Schachtofen mit Kohle zu einem „Rohstein" geschmolzen, der etwa 50% Kupfer enthält.

Nach nochmaligem Erschmelzen mit Kohle im Schachtofen, oder nach neueren Verfahren durch Verblasen in dem von der Stahlgewinnung bekannten Konverter entsteht das Rohkupfer mit 94 bis 97% Kupfer.

Oxydische Erze werden auf nassem Wege durch Schwefelsäure im Gegenstrom-Verfahren ausgelaugt; aus der entstandenen Kupfersulfatlösung mit etwa 3% Kupfer wird das Kupfer entweder mit Eisenschrott niedergeschlagen („zementiert") oder elektrolytisch an Kupferkathoden abgeschieden.

Das *Rohkupfer* muß in besonderen Raffinationsprozessen von seinen Verunreinigungen befreit werden: dies erfolgt entweder durch Raffination im Schmelzfluß oder durch Elektrolyse.

Die *Raffination im Schmelzfluß* besteht in einer Oxydation der metallischen und nichtmetallischen Beimengungen, die mit Ausnahme der Edelmetalle eine größere Verwandtschaft zum Sauerstoff haben als Kupfer und dabei in oxydische Schlacken oder in sich verflüchtigende Gase überführt werden. Dabei entsteht reichlich Kupferoxydul Cu_2O, das bis etwa 7% im geschmolzenen Kupfer löslich ist, jedoch zum Schluß durch ein Reduktionsverfahren bis auf geringe Restmengen wieder entfernt wird (durch Phosphorkupfer oder durch „Zähpolen", d. i. Eintauchen von frischem Holz).

Die *Raffination durch Elektrolyse* erfolgt derart, daß das in flache Platten gegossene Rohkupfer als Anode in eine mit schwefelsaurer Kupfersulfatlösung gefüllte Zelle gehängt wird. Beim Durchleiten eines Stromes niedriger Spannung und hoher Dichte — etwa 2 Amp. je Quadratdezimeter — löst sich das Kupfer der Anode auf und scheidet sich in vollkommen reiner Form auf der aus einem dünnen Kupferblech bestehenden Kathode ab. Alle Verunreinigungen bleiben entweder in Lösung, wie Zink, Eisen, Nickel und Kobalt, oder fallen als Anodenschlamm unlöslich zu Boden, wie Silber, Wismut und Antimon.

B. Einteilung und Verwendungsgebiete.

Das raffinierte Kupfer mit unterschiedlichen Reinheitsgraden dient als Ausgangsmaterial für verschiedene Gebiete der Weiterverarbeitung. Das Normblatt [1] DIN 1708 führt folgende sieben Kupfersorten auf:

A-Kupfer (Kurzzeichen A–Cu): Kupfergehalt mindestens 99%. Es enthält Arsen und Nickel und findet Verwendung für Feuerbüchsen, Stehbolzen und sonstige warmfeste Teile.

B-Kupfer (B–Cu): Kupfergehalt mindestens 99,25%. Es enthält ebenfalls Arsen und dient als Werkstoff für Rohre.

C-Kupfer (C–Cu): Mindestgehalt 99,5% Kupfer. Verwendung zur Herstellung von Kupferblechen, -bändern, -rohren und -stangen sowie als Rohstoff für Kupferknetlegierungen, wie Messing und Bronzen.

D-Kupfer (D–Cu): Mindestgehalt an Kupfer 99,75%. Verwendung wie C–Cu, bevorzugter Werkstoff für den Apparatebau.

F-Kupfer (F–Cu): Mindestgehalt an Kupfer 99,9%. Verwendung für Kupferbleche und -bänder mit besonders hohen Anforderungen an die Tiefziehfähigkeit.

---

[1] In diesem Buche werden eine Reihe von Normblättern genannt und auch Angaben aus diesen Normblättern wiedergegeben. Maßgebend ist stets die neueste Ausgabe des betr. Normblattes, die durch den Beuth-Vertrieb, Berlin W 15 oder Köln, zu beziehen ist.

Einteilung und Verwendungsgebiete. — Eigenschaften.

E-Kupfer (E–Cu): Mindestens 99,9% Kupfer. Dient besonders als Werkstoff für elektrische Leitungen und alle anderen stromführenden Teile in der Elektrotechnik. Neben dem Mindestkupfergehalt ist die elektrische Leitfähigkeit vorgeschrieben, die in starkem Maße von Verunreinigungen beeinflußt wird. Die Mindestwerte liegen je nach Abmessung und Härtezustand zwischen 54 bis 57 m/Ohm · mm².

Kathoden-Elektrolytkupfer (KE–Cu): Verwendung als reinstes Einsatzmaterial für Schmelzungen hoher Reinheit, heute meistens für alle Messinglegierungen mit mehr als 63% Kupfer. Leitfähigkeitsvorschrift wie bei E–Cu.

Vorstehend aufgeführte Kupfersorten (außer KE–Cu) enthalten *Sauerstoff*, vorwiegend als Kupferoxydul Cu_2O, dessen nachteilige Einflüsse unter „Korrosionsverhalten" auf Seite 9 beschrieben sind. Werden sauerstofffreie (desoxydierte) Kupfersorten gewünscht und geliefert, so ist der Buchstabe S den Kurzzeichen voranzustellen, z. B. SE–Cu (sauerstofffreies E-Kupfer) oder SD–Cu (sauerstofffreies D-Kupfer). Die früher genormte sauerstofffreie Kupfersorte S–Cu bzw. SfCu ist durch die sauerstofffreien Kupfersorten unterschiedlichen Reinheitsgrades ersetzt worden.

Bestimmend für die Verwendung des Kupfers sind in erster Linie drei Eigenschaften. Die hohe elektrische Leitfähigkeit ist wichtig für die gesamte Elektrotechnik. Leitungen jeder Art, Schalterteile und vieles andere werden aus Kupfer gefertigt. Die ausgezeichnete Wärmeleitfähigkeit wird beim Bau von Wärmeaustauschern genutzt. Kupferne Rippenrohre, Kühlschrankrohre und Lamellenkühler sind nur einige Beispiele hierfür. Das günstige Verhalten des Kupfers gegen chemische Einwirkungen führt zu seiner weitgehenden Verwendung in der chemischen und Genußmittelindustrie, sowie in der Installationstechnik und im Maschinenbau. Hier seien Braupfannen, Badeofenmäntel, Kupferdächer, Wasserleitungsrohre und Armaturen als Beispiele genannt.

C. Eigenschaften.

1. Festigkeitseigenschaften. Bei den Festigkeitseigenschaften eines metallischen Werkstoffs unterscheidet man die im Zerreißversuch gemessenen Werte der Zugfestigkeit, Streckgrenze, Dehnung und Einschnürung sowie eine Reihe anderweitig bestimmter Zahlenwerte, wie Härte nach Brinell, Vickers oder Rockwell, Tiefung nach Erichsen und weitere technologische Prüfwerte. Im weichen, ausgeglühten Zustand sind Zugfestigkeit, Streckgrenze und Härte am geringsten. Durch Kalt-

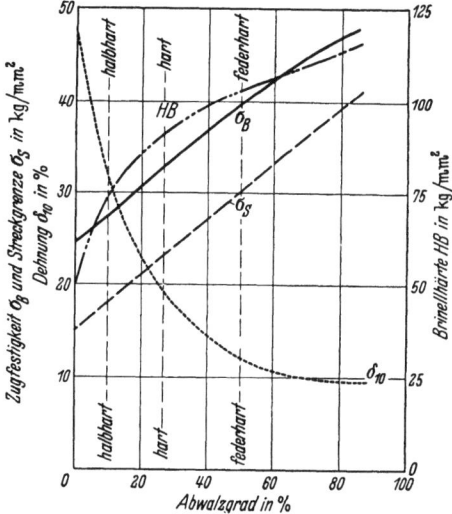

Abb. 1. Einfluß des Kaltwalzens auf die Festigkeitseigenschaften von E-Kupfer.

verformung (d. h. Verformung bei Raumtemperatur oder mäßig erhöhter Temperatur) steigen diese Werte bei allen Metallen an: das Metall verfestigt sich. Dehnung, Einschnürung und Tiefung sind dagegen im weichen Zustand am höchsten und werden mit wachsender Kaltverformung geringer. Abb. 1 erläutert diese Zusammenhänge am Beispiel des E-Kupfers. Der Anstieg von Zugfestigkeit σ_B, Streckgrenze σ_S und Brinellhärte HB, sowie der Abfall der Dehnung δ_{10} sind deutlich zu erkennen. Auch Tabelle 1, die Richtwerte der Festigkeitseigenschaften aufführt, läßt diese Gesetzmäßigkeiten erkennen.

Tabelle 1. *Festigkeitseigenschaften von Halbzeug aus Kupfer.*

Werkstoff	Zustand	Zugfestigkeit kg/mm²	Dehnung mindestens %	Brinellhärte (10D²) kg/mm²
A–Cu	weich	23—26	38	45— 60
D–Cu [1]	weich	21—24	38	45— 60
	halbhart	25—29	10	60— 80
	hart	30—36	5	80— 95
	federhart [2]	37—44	2	90—110
E–Cu	weich	20—24	38	45— 60
	halbhart	25—29	10	60— 80
	hart	30—36	5	80— 95
	federhart [2]	37—44	2	90—110

[1] Anstelle von D–Cu bzw. SD–Cu kann auch F–Cu bzw. SF–Cu mit den gleichen Festigkeitswerten geliefert werden, falls dies aus technischen Gründen notwendig ist.

[2] Der Zustand „federhart" kann nicht bei allen Halbzeugarten und Abmessungen hergestellt werden. Er gilt vorzugsweise für Draht, Bleche und Bänder.

In den deutschen Normen für Halbzeuge wird der Härtezustand des Werkstoffes durch Anhängen der *Mindest*zugfestigkeit in kg/mm² an die Kurzbezeichnung der Legierung oder Sorte unter Einschaltung des Buchstabens F (= Festigkeit) bezeichnet, z. B. Ms 58 F 51 nach DIN 1776. Ist keine Festigkeit im Normblatt vorgeschrieben, wird nur einer der Buchstaben p (= gepreßt), w (= weich) oder h (= hart) angehängt, z. B. E-Cu h. Im übrigen werden nach DIN 1750 die Härtezustände (für alle NE-Metalle) folgendermaßen gekennzeichnet:

Gepreßt, d. h. der Werkstoff ist warm in Strangform auf der Strangpresse gepreßt ohne weitere Warmbehandlung oder Kaltverformung. Die technologischen Werte liegen je nach Abkühlungsgeschwindigkeit meistens in den Grenzen der Werte für die Härtezustände weich und halbhart.

Weich, d. h. der Werkstoff ist nach etwaiger Kaltbearbeitung gut geglüht oder ausschließlich in solcher Weise warm bearbeitet, daß seine technologischen Werte mit denen eines ausgeglühten Werkstoffes übereinstimmen.

Halbhart, d. h. der Werkstoff ist durch Kaltverformung (Kaltwalzen, Kaltziehen usw.) auf die etwa 1,2fache Zugfestigkeit des weichen Zustandes gebracht worden.

Hart, d. h. der Werkstoff ist durch Kaltverformung auf die etwa 1,4fache Zugfestigkeit des weichen Zustandes gebracht worden. (Bei Rohren gleich „hart gezogen".)

Federhart, d. h. der Werkstoff ist durch Kaltverformung auf die etwa 1,8-fache Zugfestigkeit des weichen Zustandes gebracht worden.

Die durch Kaltverformung hervorgerufene Verfestigung kann durch eine Wärmebehandlung wieder rückgängig gemacht werden. In Abb. 2 ist die Änderung der

Festigkeitseigenschaften in Abhängigkeit von der Glühtemperatur dargestellt. Die zum Weichglühen notwendigen Temperaturen hängen u. a. stark vom Reinheitsgrad des Kupfers ab. Bereits kleine Gehalte an Arsen, Zink, Eisen, Silber, Chrom und verschiedenen anderen Elementen setzen die Weichglühtemperatur wesentlich herauf. Davon wird Gebrauch gemacht, um die Warmfestigkeit von Kupfer für verschiedene Anwendungsgebiete (Lokomotivfeuerbüchsen, Elektroden in Punktschweißmaschinen usw.) zu verbessern. Abb. 3 zeigt die Warmfestig-

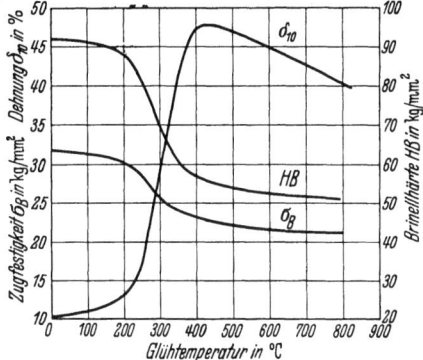

Abb. 2. Weichglühen von E-Kupfer (Ausgangszustand halbhart, Glühzeit 1 Std.).

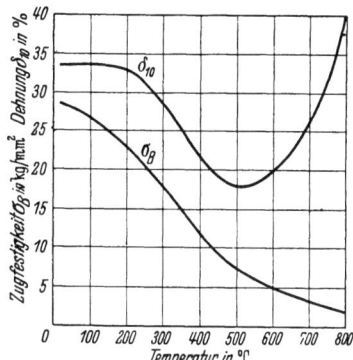

Abb. 3. Warmfestigkeit von E-Kupfer.

keit von E-Cu für verschiedene Temperaturen. Die Dehnung von E-Cu besitzt zwischen 400 und 600° C einen Tiefstwert; dieses Gebiet muß deshalb bei der Warmverformung gemieden werden. Kupfer zeichnet sich vor anderen Metallen dadurch aus, daß es bei tiefen Temperaturen keine Versprödung erleidet, so daß es schon deshalb einen idealen Werkstoff für Kältemaschinen darstellt.

2. Physikalische Eigenschaften. Die wichtigsten physikalischen Eigenschaften des Kupfers sind in Tabelle 2 dargestellt.

Von diesen Eigenschaften interessiert bei Kupfer die elektrische Leitfähigkeit in besonderem Maße. Sie hängt vom Reinheitsgrad des Kupfers ab, weshalb bei E-Cu neben dem Mindestkupfergehalt eine Mindestleitfähigkeit vorgeschrieben ist. Den starken Einfluß, den selbst kleinste Zusätze von anderen Elementen ausüben, erkennt man aus Abb. 4. Phosphor und Eisen erniedrigen die Leitfähigkeit besonders stark. Andererseits ist Phosphor ein wichtiges Desoxydationsmittel, um

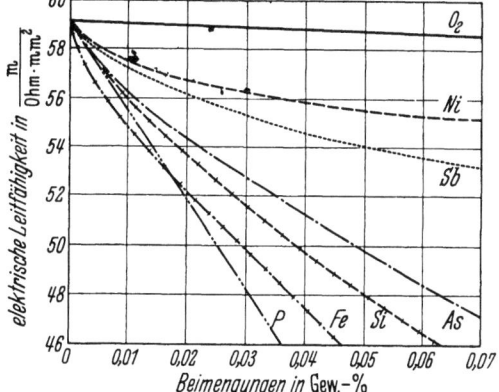

Abb. 4. Beeinflussung der Leitfähigkeit von E-Kupfer durch Verunreinigungen (nach PAWLEK und JAHN).

den Sauerstoff und damit die Neigung zur Wasserstoffkrankheit zu beseitigen. E-Cu kann demnach nicht vollständig sauerstofffrei sein, es enthält meist geringe Restmengen in Form von Kupferoxydul. Erst in neuerer Zeit ist es gelungen,

Kupfer hoher Leitfähigkeit, das keinen Sauerstoff enthält, herzustellen. Es ist unter dem Namen OFHC-Kupfer (oxygen-free, high conductivity) aus Amerika kommend bekannt und wird jetzt auch in Deutschland unter der genormten Bezeichnung SE–Cu erzeugt.

Die Leitfähigkeit des E-Kupfers hängt von Form und Abmessung ab und wird außerdem durch eine Kaltverformung erniedrigt. Die Normblätter sehen deshalb verschiedene Mindestwerte der Leitfähigkeit entsprechend Tabelle 3 vor.

Das spezifische Gewicht von Kupfer erreicht nur im gekneteten Zustand den angegebenen Wert 8,9 g/cm³, im Gußzustand dagegen ist das spezifische Gewicht meist geringer und hängt vorwiegend vom Gasgehalt ab.

Tabelle 2. *Physikalische Eigenschaften von Kupfer.*

Elektr. Leitfähigkeit [1] (im weichen Zustand bei 20° C) in m/Ohm · mm² (nur E–Cu)	58,5
Widerstandstemperaturkoeffizient [2] (bei 20° C) je °C	0,00392
Schmelzpunkt in ° C	1083
Siedepunkt in ° C	2595
Schmelzwärme [3] in cal/g	50,6
Spez. Gewicht in g/cm³	8,9
Elastizitätsmodul in kg/mm²	13 100
Spez. Wärme [4] bei 20° C in cal/g · ° C	0,092
Wärmeleitfähigkeit bei 20° C in cal/cm · sec · ° C	0,934
Wärmeausdehnungskoeffizient [5] in 10⁻⁶/° C für 20—100° C für 20—200° C für 20—400° C	16,7 17,1 17,8

[1] Die elektrische Leitfähigkeit ist der Kehrwert des spezifischen Widerstandes, der in Ohm · mm²/m angegeben wird. Sie wird gelegentlich auch in Prozent des internationalen Kupferstandards (% I. A. C. S. = International Annealed Copper Standard) angegeben, der ziemlich genau 58 m/Ohm · mm² entspricht.

[2] Der Widerstandstemperaturkoeffizient dient zur Berechnung der Widerstandszunahme, die bei der Erwärmung eines Metalls eintritt. Man benutzt folgende Formel:

$$R_1 = R_0 (1 + \alpha \cdot \Delta t)$$

(R_1 = Widerstand bei der höheren Temperatur, R_0 = Widerstand bei Raumtemperatur, α = Widerstandstemperaturkoeffizient, Δt = Temperaturerhöhung).

[3] Die Schmelzwärme ist die Wärmemenge, die beim Schmelzpunkt zum Schmelzen von 1 g Metall benötigt wird, ohne daß sich die Temperatur ändert.

[4] Die spezifische Wärme gibt an, welche Wärmemenge zur Erhöhung der Temperatur von 1 g Metall um 1° C notwendig ist.

[5] Der Wärmeausdehnungskoeffizient ermöglicht die Berechnung der Verlängerung eines Werkstücks durch Erwärmung. Hier gilt folgende Formel:

$$\Delta l = l_0 \cdot \beta \cdot \Delta t$$

(Δl = Verlängerung; l_0 = ursprüngliche Länge; β = Wärmeausdehnungskoeffizient; Δt = Temperaturerhöhung).

Kupfer ist diamagnetisch (undurchlässig für magnetische Kraftlinien), jedoch können bereits geringe Eisengehalte, etwa 0,04%, einen schwachen Ferromagnetismus hervorrufen, der allerdings nur mit empfindlichen Meßanordnungen nachgewiesen werden kann.

Tabelle 3. *Mindestwerte der elektrischen Leitfähigkeit von E–Cu in m/Ohm · mm².*

Zustand	Drähte		andere Lieferformen	
weich und halbhart	57		56	
hart und federhart	über 1 mm Durchmesser 56	unter 1 mm Durchmesser 55	über 1 mm Dicke 55	unter 1 mm Dicke 54

3. Korrosionsverhalten. Kupfer rechnet zu den edleren Metallen, die im allgemeinen eine gute Beständigkeit gegen einen chemischen Angriff besitzen. Trotzdem gibt es natürlich Stoffe, die zu einer Zerstörung des Metalls führen können. Da jedoch sehr viele Einzelumstände das Ausmaß der Korrosion beeinflussen, ist es schwer, das Verhalten eines Werkstoffes für jeden einzelnen Fall mit genügender Sicherheit voraussagen zu können.

Der Korrosionsangriff kann sowohl durch eine *gleichmäßige Oberflächenabtragung* wie auch als örtlich eng begrenzter Angriff (*Lochfraß*) wirksam werden. Der zweite Fall ist der gefährlichere, weil das Werkstück (z. B. ein Rohr) schon bei verhältnismäßig kleinen gelösten Metallmengen zerstört werden kann. Hier sind zahlreiche Einflußgrößen, wie Konzentration und Strömungsgeschwindigkeit des Angriffsmittels, Reinheitsgrad und Oberflächenzustand des Metalls usw. von Bedeutung, die die Art und Geschwindigkeit der Korrosion bestimmen.

Bekannt ist die gute Beständigkeit des Kupfers gegen Luft und die in ihr enthaltenen Stoffe. Es überzieht sich nach einiger Zeit mit einer grünlichen, festhaftenden Schutzschicht, der Patina, die den weiteren Angriff verhindert (Kupferdächer). Bei erhöhter Temperatur (über 400°) bildet sich eine schwärzliche, abblätternde Zunderschicht, die aus Kupferoxyd besteht. Die Beständigkeit gegen Salzwasser und gewöhnliches Leitungswasser ist infolge der Bildung einer Schutzschicht sehr gut. Eigenartigerweise wird jedoch bei besonders weichem Wasser gelegentlich eine Zerstörung von Kupferrohren durch Lochfraß beobachtet, da sich anscheinend dann im Rohrinneren keine Schutzschicht bilden kann. Gegen anorganische Säuren ist Kupfer nicht besonders widerstandsfähig, vor allem, wenn Sauerstoff gleichzeitig zugegen ist. Die meisten organischen Säuren dagegen vertragen sich ausgezeichnet mit Kupfer. Nur mit Essigsäure bildet sich an Luft der giftige Grünspan. Ammoniak und Schwefel üben auf Kupfer einen merklichen Angriff aus. Gegen Öle und Kraftstoffe ist es weitgehend beständig (Benzinleitungen).

Eine besondere Angriffsform ist die ,,*Wasserstoffkrankheit*" des Kupfers. Sie tritt dann auf, wenn sauerstoffhaltiges Kupfer bei erhöhter Temperatur mit reduzierenden Gasen in Berührung kommt. Der Wasserstoff aus diesen Gasen dringt in das Metall ein und verbindet sich dort mit dem Sauerstoff zu Wasserdampf, der Blasenbildung oder Risse verursacht. Abb. 5 zeigt durch Wasserstoffkrankheit geschädigtes Gefüge. Die Gefahr der Wasserstoffkrankheit besteht besonders beim autogenen Schweißen von sauerstoffhaltigem Kupfer; sie kann aber auch beim Glühen kupferner Werkstücke in Gasöfen auftreten. Als Abhilfe muß man bei Vorliegen derartiger Bedingungen die Verwendung von sauerstofffreien Kupfersorten vorsehen. In der Regel kommt dann SD-Cu oder, wenn gleichzeitig eine hohe elektrische Leitfähigkeit gefordert wird, SE-Cu in Frage.

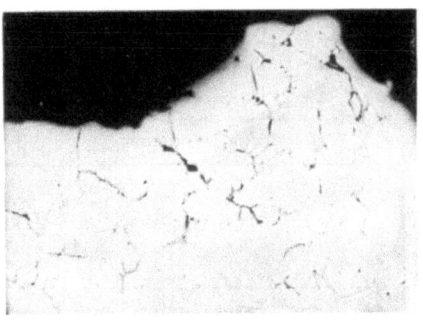

Abb. 5. Zerstörung des Werkstoffes Kupfer durch Wasserstoffkrankheit (Gefügeaufnahme bei etwa 100facher Vergrößerung).

D. Verarbeitung.

Für den Weiterverarbeiter von Kupferhalbzeugen ist es zweckmäßig, sich der einschlägigen Normen zu bedienen. Einmal ist damit eine einfache und eindeutige Bestellung möglich; zum anderen muß für Sonderabmessungen meist ein Aufpreis bezahlt werden. Die nachfolgende Tabelle 4 nennt die in Frage kommenden Normblätter. Für die Verwendung in der Elektrotechnik bestehen allerdings weitere aus den VDE-Normen hervorgegangene DIN-Blätter (z. B. DIN 40 500).

Tabelle 4. *Normen für Halbzeuge aus Kupfer.*

Halbzeug	Abmessungen	Techn. Lieferbedingungen
Blech, kalt gewalzt	DIN 1752	DIN 17 650
Band und Streifen, kalt gewalzt	DIN 1792	DIN 17 650
Rohr, nahtlos gezogen	DIN 1754	DIN 17 651
Draht, gezogen	DIN 1766	DIN 17 652
Rundkupfer, gezogen	DIN 1767	DIN 17 652
Flachkupfer, gezogen	DIN 1768	DIN 17 652
Profile		DIN 17 652

1. Spanlose Formgebung. Die handelsüblichen Kupfersorten können in der Wärme wie auch in der Kälte verformt werden. Zur *Herstellung der Halbzeuge* wird eine vereinigte Warm- und Kaltverarbeitung in der Weise angewandt, daß am Anfang mit großen Querschnittsabnahmen warm und zum Schluß bei schwächeren Abmessungen kalt verformt wird. Die Warmverformung muß oberhalb von 650° erfolgen, der Temperaturbereich von 400 bis 600° ist wegen der hier vorliegenden geringen Dehnung und der noch eintretenden Verfestigung zu meiden (s. Seite 7).

Die Herstellung von *Blechen* und *Bändern* geht von gegossenen Walzplatten mit Dicken bis zu 200 mm und mit Gewichten bis zu 2 t aus, die auf 800° erhitzt und warm bis auf etwa 10 bis 20 mm vorgewalzt werden. Nach dem Beizen und Aufteilen werden die Bleche kalt fertig gewalzt. Je nach dem gewünschten Härtegrad werden Zwischenglühungen eingelegt, nach denen in der Regel — außer beim Blankglühen im Schutzgas — gebeizt werden muß. Durch Abstufung des Abwalzgrades nach der letzten Zwischenglühung werden nach Abb. 1 (S. 5) die verschiedenen Härtezustände erreicht.

Bei *Stangen* und *Drähten* kennt man zwei verschiedene Herstellungsverfahren, einmal über die hydraulischen Strangpressen und dann durch Walzen. Auf den Strangpressen werden die gegossenen runden Bolzen bei etwa 900° zu Rund- oder Profilstangen vorgepreßt und nach dem Beizen auf Fertigmaß gezogen. Im zweiten Falle werden gegossene Drahtbarren auf Kaliberwalzwerken zu Stangen und Draht vorgewalzt. Zur Herstellung dünnerer Abmessungen (unter 5 mm) wird auf Einzel- oder Mehrfachziehbänken fertiggezogen. Für Drähte unter 1 mm Durchmesser dienen meistens Diamant-Ziehsteine als Ziehmatrize, da sie fast keine Abnützung erleiden und dadurch keine Unterschiede im Drahtdurchmesser zwischen Anfang und Ende eines Ringes ergeben.

Nahtlose *Kupferrohre* stellt man heute vorwiegend ebenfalls über die Strangpresse her. Dabei werden hohl gegossene oder gebohrte „Preßbolzen" mit Dorn durch eine Matrize gepreßt. Massive Rundblöcke können in der Strangpresse vor dem Auspressen mit einem dem Stempel vorauseilenden Dorn gelocht werden. Auch das bei der Herstellung von nahtlosen Stahlrohren übliche Schrägwalzverfahren findet bei Kupferrohren Verwendung. Aus gegossenen oder gepreßten Knüppeln wird durch Walzen über einen Dorn zunächst ein dickwandiges und bei Wiederholung der Arbeitsgänge allmählich ein dünnwandiges Rohr erzeugt. Gepreßte oder gewalzte Kupferrohre werden gebeizt und mittels Ziehring und Dorn in mehreren Zügen auf Fertigmaß gezogen. Die erforderlichen Zwischenglühungen richten sich nach der Verfestigung und nach dem verlangten Härtegrad.

Beim Walzen, Pressen und Ziehen von Kupfer können gewisse *Fehler* auftreten. Gußblasen führen zu Dopplungen, wenn sie im Innern oxydiert sind und nicht wieder verschweißen. Überlappungen am Gußblock führen zu schiefrigen und splitternden Stangen und Rohren. Werden Blöcke und Barren beim Walzen zu stark gereckt, so neigen sie zum Aufreißen; die oxydierten Oberflächen verschweißen ebenfalls nicht mehr. Bei falschen Preßtemperaturen treten „Zweiwachs" und „Holzfaserbrüche" auf. Erfolgen beim Ziehen zu geringe Querschnittsabnahmen, so daß der Druck nicht bis in den Kern dringt, so tritt das „Überziehen" auf. Hierbei reißt das Innere der Stangen kegelförmig auseinander.

Die spanlose *Weiterverarbeitung* der Halbzeuge aus Kupfer erfolgt in der Kälte — erforderlichenfalls mit erneuten Zwischenglühungen — durch Treiben, Tiefziehen, Drücken und Biegen. (Näheres über diese Verfahren ist bei der Behandlung der spanlosen Formgebung des Messings, Seite 22 ff., zu finden.) Das Kümpeln von Feuerbüchsrohren und -türen wird auch in der Wärme vorgenommen. Beim Glühen und Warmverarbeiten von Kupfer ist auf Sauerstofffreiheit zu achten (Wasserstoffkrankheit).

2. Spanabhebende Bearbeitung. Wegen der niedrigen Härte ist Kupfer — auch im harten Zustand — schwer zu zerspanen, da es zum „Schmieren" neigt. Eine Verbesserung der Schnittbearbeitung ist durch Zulegieren kleiner Mengen von Tellur, Selen, Zinn oder Zink zu erreichen, die die Härte merkbar heraufsetzen.

Bei der wichtigsten und häufigsten Form der spanabhebenden Bearbeitung, dem *Drehen*, sind die Anschliffwinkel an den Werkzeugen auf die Eigenart des Kupfers einzustellen. Spanwinkel und Freiwinkel des Drehstahls sind größer als bei der Stahlbearbeitung. Sie sind zwischen 12 und 40° zu halten. Der Spanquerschnitt ist klein einzustellen; eine Lockenbildung ist bei dem zähen Werkstoff, der nicht zum Abbrechen neigt, nicht zu vermeiden. Die Schnittgeschwindigkeiten können hoch gewählt werden, Kupfer kann also etwa wie weicher Stahl behandelt werden. Dem Kühlen kommt beim Zerspanen von Kupfer keine große Bedeutung zu, weil die Temperaturen an der Schneidkante ausgesprochen niedrig sind, so daß eine Zerstörung der Schneide nicht zu befürchten ist. Wegen der hohen Verschleißwirkung, die Kupfer auf die Werkzeuge ausübt, sollte stets mit einer Schmierflüssigkeit, am besten Bohrölemulsion, gearbeitet werden.

Für die anderen Zerspanungsarbeiten, Bohren, Fräsen, Gewindeschneiden und Räumen, sind ähnliche Grundsätze zu beachten. Bei allen Werkzeugen sind weite und feingeschliffene Spanabfuhrkanäle erforderlich. Neben der Abhebung des Spanes tritt eine Verdrängung des weichen Kupfers ein. Deshalb darf z. B. beim Gewindeschneiden der Stangendurchmesser nicht zu groß sein, da sonst das Schneideisen festklemmt und das Gewinde ausreißt.

3. Verbindungsverfahren. Bei Kupfer sind alle Verbindungsverfahren möglich, also Weich- und Hartlöten, Gasschmelz-, Lichtbogen- und Widerstandschweißen.

a) Das Weichlöten dient zum Verbinden kleinerer Teile, wie sie besonders in der Elektrotechnik vorkommen, mittels eines Zinnlots höheren Zinngehalts (DIN 1730) unter Verwendung des Lötkolbens, der Lötflamme oder durch Tauchlöten. Das Lötwasser (Zinkchlorid) muß zur Verhinderung späterer Korrosion sorgfältig abgewaschen werden. Besser sind die aus einer Mischung von Kolophonium mit Vaseline unter Zusatz oxydlösender Mittel (Salmiak) bestehenden Lötfette geeignet. An der Verbindungsstelle legiert sich das Weichlot mit dem Kupfer unter Bildung einer Kupfer-Zinn-Legierung.

b) Das Hartlöten wird angewendet, wenn die Lötstelle größeren mechanischen Beanspruchungen gewachsen sein muß und Schmelzschweißen nicht möglich ist. Als Lote eignen sich die Silberlote nach DIN 1734, die — je nach Zusammensetzung — Arbeitstemperaturen zwischen 700° und 900° erfordern. Es eignet sich auch die eutektische Kupfer-Phosphor-Legierung mit 8% Phosphor, deren Schmelzpunkt bei 700° liegt. Weitere geeignete Hartlote sind die Messinglote nach DIN 1733, die zur Verbesserung des Flusses geringe Mengen Silizium enthalten. Ihre Arbeitstemperaturen liegen schon knapp unterhalb des Schmelzpunktes des Kupfers, so daß sie nur bei starkwandigen Werkstücken, deren Lötstellen eine hohe Festigkeit haben sollen, verwendet werden. Als Flußmittel dienen Borax oder vorwiegend Borax enthaltende Gemische.

c) Das Gasschmelzschweißen wird zum Verbinden dicker und großer Werkstücke angewendet. Wichtig ist, daß der Schweißbrenner wegen der großen Wärmeleitfähigkeit des Kupfers größer sein muß als beim Schweißen von Stahlwerkstücken gleicher Dicke. Für Kupferblech bis 5 mm Dicke verwendet man einen Brenner, der eine Nummer höher liegt als beim Schweißen von Stahl gleicher Dicke, bei Kupferblechen über 5 mm werden um zwei Nummern höher liegende Brenner verwendet. Die Azetylen-Sauerstoff-Flamme muß neutral eingestellt sein, sie darf weder reduzierend noch oxydierend wirken: Ein Gasüberschuß macht die Schweißnaht porig, ein Sauerstoffüberschuß führt zu starker Oxydbildung. Die Schweißkanten werden V-förmig gehalten, wenn von einer Seite geschweißt wird oder — bei sehr dicken Werkstücken — X-förmig, wenn von beiden Seiten geschweißt werden kann. Als Zusatzmaterial dienen entweder Kupferschweißdraht SCu, der Silber, Mangan, Nickel und Phosphor in einer Summe von etwa 2% enthält, oder Drähte aus Phosphorkupfer oder die bereits erwähnten Messinglegierungen mit Silizium nach DIN 1733. Es ist wichtig, die Schweißnaht noch in der Rotwärme durch Hämmern gut durchzukneten, um das durch das Schmelzen entstandene grobe Gußgefüge in ein feineres Knetgefüge zu verwandeln. Dabei wird die Festigkeit von rd. 12 kg/mm^2 auf 20 kg/mm^2 erhöht und die Dehnung von rd. 6% auf rd. 20% verbessert. In der Übergangszone neben der Schweißnaht tritt durch die Erwärmung ebenfalls eine Kornvergröberung ein. Ihr kann man vorbeugen, wenn man die Kanten vor dem Schweißen durch Hämmern und Stauchen kräftig kaltverformt. Als Flußmittel beim Gasschmelzschweißen ist der für das Hartlöten empfohlene Borax weniger gut zu gebrauchen. Es empfiehlt sich die Verwendung der im Handel befindlichen pulver- oder pastenförmigen Kupferschweißmittel, die andere Borverbindungen mit Zusätzen von oxydlösenden Metallsalzen enthalten.

d) Das elektrische Lichtbogenschweißen ist unter den beim Stahlschweißen üblichen Bedingungen bei Kupfer nicht möglich, da der normale Lichtbogen wegen der hohen Wärmeleitfähigkeit des Kupfers nicht ausreicht, ein genügend großes Schmelzbad zu erzeugen. Durch Einführung ummantelter Elektroden, deren Kupferseele mit einer Umhüllung schwer schmelzbarer anorganischer Salze versehen ist, wird der Lichtbogen stärker gebündelt, indem die Umhüllung beim Abschmelzen der Elektrode als Schlauch stehen bleibt. Dadurch ist eine Erhöhung der Schweißspannung möglich, die mit 70—80 Volt ein Mehrfaches der für Stahl üblichen Höhe erreicht. Der Vorteil des elektrischen Lichtbogenschweißens liegt in der nur örtlichen Erwärmung der Schweißstelle. Die Gefahr von Verwerfungen ist dadurch stark verringert. Auch nach dem Argonarc-Verfahren kann Kupfer geschweißt werden, jedoch nicht überkopf. Bei einer Werkstoffdicke von weniger als 3 mm wird die Nachlinksschweißung, bei mehr als 3 mm die Nachrechtsschweißung angewendet unter pendelnder Führung des Elektrodenhalters. Die Bildung von Rissen bei Mehrlagenschweißung wird durch Hämmern vermieden.

e) Das elektrische Widerstandschweißen, dessen Hauptanwendungsgebiet in der Massenfertigung liegt, kommt als Punktschweißen bei dünnen Blechen in Frage, wenn keine dichten Nähte gefordert werden, z. B. bei Geräten der Fernmeldetechnik. Das Stumpfschweißen beschränkt sich bei Kupfer auf das Verbinden nicht zu großer Querschnitte, z. B. Kupferkabel und -schienen. Für Punktschweißen und Stumpfschweißen sind Maschinen mit hoher Leistung erforderlich.

4. Kupferguß. Kupfer ist kein ausgesprochener Gußwerkstoff. Kupferformguß wird deshalb nur verwendet, wenn es entweder die elektrische Leitfähigkeit, wie bei gewissen Teilen für die Elektrotechnik, oder die gute Wärmeleitfähigkeit, wie bei Kokillen, Windformen für Hochöfen, Heißwindschiebern, Kühlbacken usw. unbedingt erfordern. Das flüssige Metall besitzt eine große Aufnahmefähigkeit für Ofengase, besonders für Sauerstoff und Schwefeldioxyd, die beim Erstarren wieder entweichen und Poren und Blasen zurücklassen. Unter Anwendung besonderer Vorsichtsmaßregeln kann aber Kupfer doch gut in Sandformen vergossen werden. Durch Zusätze von 2 bis 3% Zink oder 3 bis 4% Phosphorkupfer oder von anderen Kupfervorlegierungen mit Silizium, Aluminium oder Beryllium werden die Oxyde reduziert. Die Zugabe dieser Desoxydationsmittel hat jedoch mit größter Zurückhaltung zu erfolgen, da schon ein kleiner Überschuß die elektrische Leitfähigkeit und die Wärmeleitfähigkeit stark vermindert.

Zum Einschmelzen des Raffinadekupfers dienen Zugschachtöfen oder auch mit Öl oder Koks gefeuerte Tiegelöfen sowie Elektroöfen. Durch Abdeckmittel, meist Holzkohle oder Glaspulver mit Borax, muß eine Gasaufnahme des flüssigen Metalls verhindert werden. Die Gießtemperatur beträgt rund 1150 bis 1250°. Beim Formen ist das große Schwindmaß des reinen Kupfers (etwa 1,4%) zu berücksichtigen.

II. Messing.
A. Allgemeines.

Messing ist eine Legierung der beiden Metalle Kupfer und Zink. Es kommt in der Natur nicht gediegen vor, sondern wird aus reinem Kupfer und Hütten- bzw. Feinzink, gegebenenfalls unter Zusatz von Blei, erschmolzen. Meist können auch größere Anteile sauberer Messingabfälle mit verwendet werden. Technisch wichtig sind nur die Messinglegierungen mit einem Kupfergehalt von über 54%. Die Legierungen mit einem geringeren Kupfergehalt sind hart und sehr spröde und daher nicht brauchbar.

1. Einteilung. Messing wird nach dem Kupfergehalt, der, wie wir sehen werden, alle Eigenschaften mehr oder minder beeinflußt, bezeichnet und eingeteilt. Tabelle 5 enthält Bezeichnung, Zusammensetzung und Verwendung der wichtigen Messing-Knetlegierungen, die in DIN 17660 genormt sind. Wie aus der Tabelle ersichtlich ist, werden die Knetlegierungen mit über 70% Kupfer vielfach auch als „Tombak" bezeichnet.

Neben diesen für die Verformung durch Walzen, Pressen, Ziehen, Schmieden usw. vorgesehenen Messingarten stehen die Gußmessing-Legierungen (DIN 1709), die in Tabelle 6 aufgeführt sind.

Tabelle 6. *Übersicht über die Gußmessinglegierungen* (nach DIN 1709).
Siehe die Fußnote Seite 4.

Benennung	Zusammensetzung			Zulässige Verunreinigungen in %		Verwendung
	% Cu	% Pb	Zn	Al + Si	Sonstige	
G-Ms 64 Gußmessing 64	63—67	0—3	Rest	0,03	0,5 Ni, 0,2 Mn, 0,8 Fe, 1 Sn, 0,1 Sb, 0,1 As 0,05 P	Sandguß: Armaturen, Gehäuse, Beschlagteile usw.
GK-Ms 62 Kokillengußmessing 62	60—65	0—3	Rest	1		Kokillenguß: Armaturen, Beschlagteile usw.
GD-Ms 60 Druckgußmessing 60	58—62	0—2	Rest	1		Druckguß: Armaturen, Beschlagteile, usw.

2. Gefüge. Wir müssen bei den Messinglegierungen nach dem Gefüge zwei Gruppen unterscheiden. Die eine umfaßt die kupferreichen Legierungen mit über

Allgemeines.

Tabelle 5. *Übersicht über die genormten Messingknetlegierungen* (nach DIN 17 660). — Siehe die Fußnote Seite 4.

Kurzzeichen	Handelsbezeichnung	Zusammensetzung			Zulässige Verunreinigungen in %								Verwendungsgebiete
		% Cu	% Pb	Zn	Fe	Sn	Al	Mn	Ni	Pb	Sb	Sonstige zusammen	
Ms 56	Profilmessing, Architekturmessing	54—57	0—2,5	Rest	0,5	0,3	0,2	0,5	0,5	—	0,02	0,2	Dünnwandige Preßprofile für Architektur, Elektrotechnik.
Ms 58	Hartmessing, Schraubenmessing, Automatenmessing	57—59,5	1—3	Rest	0,5	0,3	0,1	0,2	0,5	—	0,02	0,2	Hauptlegierung für Zerspanungsarbeiten. Stanz- und Warmpreßteile, Drehteile aller Art.
Ms 60	Schmiedemessing, Muntzmetall	59,5—62	—	Rest	0,3	0,2	0,1	0,2	0,5	0,3	0,01	0,2	Stanz-, Warmpreß- und Schmiedeteile, Kondensatorböden. Mit Bleizusatz gut zerspanbar.
Ms 60 Pb			0,3—3		0,3	0,2	0,1	0,2	0,5	—	0,01	0,2	
Ms 63	Druckmessing, Weichmessing	62—65	—	Rest	0,2	0,1	0,1	0,1	0,5	0,2	0,01	0,1	Hauptlegierung für spanlose Formung (Tiefziehen, Drücken, Streckziehen usw.). Zifferblätter, Polier- und Ätzbleche. Mit Bleizusatz auch zerspanbar.
Ms 63 Pb			0,2—3		0,2	0,1	0,1	0,1	0,5	—	0,01	0,1	
Ms 67	Lötmessing, Halbtombak	66—69	—	Rest	0,2	0,1	0,1	0,1	0,5	0,1	0,01	0,1	Für schwierige Verformungsaufgaben. Musikinstrumente, Rohrniete, Drahtgeflechte.
Ms 72 [1]	Gelbtombak, Schaufelmessing	69,5—73	—	Rest	0,1	0,1	0,1	0,1	0,2	0,07	0,01	0,1	Ähnlich Ms 67. Plattierwerkstoff für Flußstahl. Kondensatorrohre.
Ms 80	Hellrottombak	78—82	—	Rest	0,1	0,1	0,1	0,1	0,2	0,05	0,01	0,1	Schlauchrohre, Faltenbälge, Manometerrohre, elektr. Installationsteile, Schmuckwaren.
Ms 85	Mittelrottombak, Goldtombak	83—87	—	Rest	0,1	0,1	0,1	0,1	0,2	0,05	0,01	0,1	Installationsteile für Elektrotechnik. Kunstgewerbe, Schmuckwaren, Unterlagen für Email und Doublé.
Ms 90	Rottombak	88—92	—	Rest	0,1	0,1	0,1	0,1	0,2	0,05	0,01	0,1	
Ms 95 [2]	Emailtombak, Dunkelrottombak	93—97	—	Rest									

[1] Ms 72 umfaßt auch das früher genormte und im Ausland viel verwendete Ms 70.
[2] Die Legierung Ms 95 ist im Normblatt DIN 17 660 (Ausgabe August 1954) für Messing-Knetlegierungen nicht enthalten.

62% Kupfer. Diese Legierungen werden auch als α-Messing bezeichnet, weil das Gefüge in der Regel nur aus einer Kristallart, den sogenannten α-Mischkristallen, besteht. Die Kupfer-Zink-Legierungen mit geringerem Kupfergehalt werden als (α+β)-Messing bezeichnet. Das Gefüge enthält neben den α-Kristallen eine weitere Kristallart, die β-Mischkristalle. Die reinen β-Messinglegierungen besitzen weniger als rd. 53% Kupfer und sind, wie bereits erwähnt, technisch nicht brauchbar. Die α-Kristalle zeichnen sich durch sehr gute Verformbarkeit im kalten Zustand aus, eine spanabhebende Bearbeitung ist jedoch nur unter Schwierigkeiten möglich. Die β-Kristalle unterscheiden sich von ihnen, außer durch einen schwach rötlichen Farbton, hauptsächlich durch eine ausgezeichnete Verformbarkeit im warmen Zustand und durch die günstige Zerspanbarkeit. Im kalten Zustand sind sie hart und spröde.

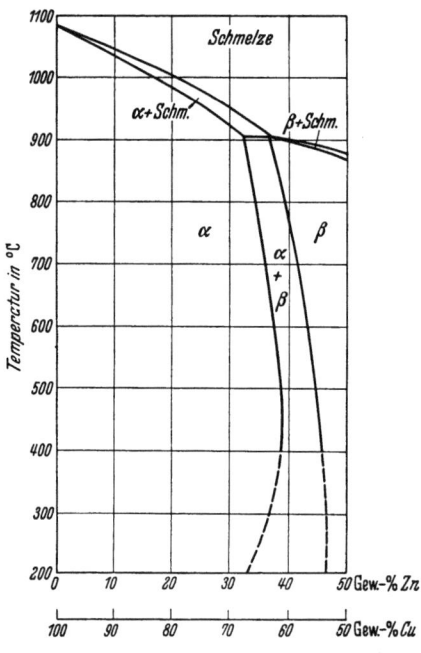

Abb. 6. Ausschnitt aus dem Zustandsschaubild Kupfer-Zink (schematisch).

Die Gegenwart (oder Abwesenheit) von β-Kristallen im Gefüge übt demnach einen nachhaltigen Einfluß auf zahlreiche Eigenschaften des Messings aus. Sie hängt jedoch nicht nur von der Zusammensetzung (d. h. vom Kupfergehalt), sondern auch von der Temperatur ab. Abb. 6 zeigt die Grenze zwischen den reinen α- und den (α+β)-Legierungen. Für jede Zusammensetzung und jede Temperatur ist daraus abzulesen, ob β-Kristalle anwesend sind oder nicht. Das gilt jedoch nur, wenn sich das Metall so lange bei der betreffenden Temperatur befunden hat, bis sich ein Gleichgewicht eingestellt hat. Das dauert aber bei Temperaturen unterhalb 400° sehr lange, so daß wir es bei Raumtemperatur meist mit Ungleichgewichtszuständen zu tun haben. Bei schneller Abkühlung nach einer Glühung haben wir meist ein Gefüge, das der Glühtemperatur und nicht der Raumtemperatur entspricht. Diese Tatsache ist für Ms 63 von besonderer Bedeutung. Hier können durch eine zu hohe Weichglühtemperatur Reste von β-Kristallen erhalten bleiben, die hinterher die Verformungseigenschaften nachteilig beeinflussen. Ms 63 sollte deshalb nicht bei Temperaturen über 600° weichgeglüht werden. Ms 58 und erst recht Ms 56 befinden sich bei hoher Temperatur vollständig im β-Gebiet. Dadurch lassen sie sich ausgezeichnet strangpressen und warm walzen. Eine spanlose Formgebung bei Raumtemperatur ist jedoch praktisch nicht möglich.

Die Abbildungen 7 bis 10 stellen die verschiedenen Kristallarten im Gefüge dar: Reines α-Messing (z. B. Ms 70), körniges (α+β)-Messing (z. B. Ms 60), nadeliges (α+β)-Gefüge (nach dem Abkühlen aus dem β-Bereich, z. B. gepreßtes Ms 58) und reines β-Gefüge (Ms 56, von hoher Temperatur abgeschreckt).

Allgemeines. 17

3. Verwendungsgebiete. Die Verwendung von Messing ist so vielfältig, daß es unmöglich ist, eine annähernd vollständige Aufzählung zu geben. Nachstehend findet sich eine Übersicht über die wichtigsten Anwendungsgebiete.

Ms 56 ist infolge seines hohen Gehaltes an β-Kristallen praktisch nur warm verformbar und wird vorwiegend in Form stranggepreßter Profile in Architektur und Elektrotechnik (z. B. für Lüsterklemmen) verwendet.

7. α-Messing.

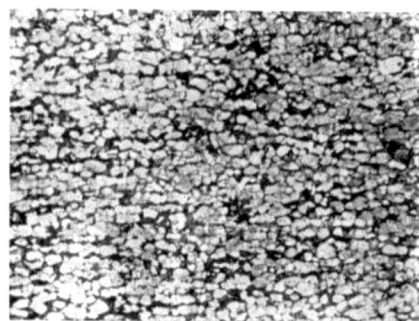

8. $(\alpha+\beta)$-Messing, körnig.

9. $(\alpha+\beta)$-Messing, nadelig.

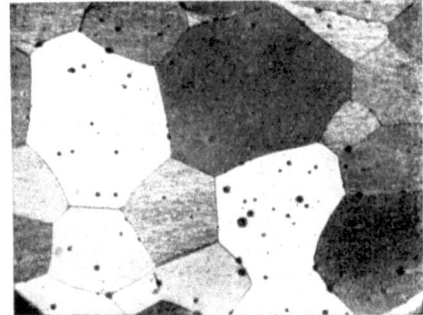

10. β-Messing.

Abb. 7 bis 10. Gefügeaufnahmen von Messing (100fache Vergrößerung).

Ms 58 dient zur Herstellung von Drehteilen jeder Art auf Automaten (Schrauben, Muttern, Nippel, Flansche usw.). Die sehr gute Zerspanbarkeit wird durch den Bleizusatz von meist 2 bis 3% erreicht. In Blechform dient es zur Herstellung gestanzter Platinen für Uhren, Meßinstrumente usw. Infolge seiner guten Warmverformbarkeit wird es auch für Warmpreßteile verwendet. Für Kaltverformungsarbeiten ist Ms 58 wenig geeignet.

Ms 60 (Ms 60 Pb) besitzt eine etwas bessere Eignung für die Kaltverformung. Das Hauptverwendungsgebiet liegt jedoch bei Warmpreßteilen. Stangen und Rohre, vor allem solche mit Bleizusatz (aus Ms 60 Pb), werden gerne in der optischen und feinmechanischen Industrie verwendet. Aus Ms 60-Draht werden gestauchte Schrauben hergestellt.

Ms 63 (Ms 63 Pb) ist die bekannteste und wichtigste Messinglegierung. Sie liegt im allgemeinen vollständig im α-Gebiet und erlaubt deshalb ohne weiteres eine Kaltverformung durch Drücken, Tiefziehen, Biegen usw. Als Beispiele der zahlreichen

Anwendungsmöglichkeiten seien hier Glühlampenfassungen und -sockel, Lampenteile, elektrische Geräte, Haushaltswaren und Feuerzeughülsen genannt. Rohre werden oft ebenfalls zu Metallwaren (Lampen) verarbeitet, außerdem finden sie vielfach als Leitungen für Benzin, Öl und andere Flüssigkeiten Verwendung. Falls eine spanabhebende Bearbeitung notwendig ist, steht Ms 63 Pb zur Verfügung.

Ms 67, Ms 70 und **Ms 72** besitzen bei etwas höherem Preis gegenüber dem Ms 63 verbesserte Verformungseigenschaften. Sie finden Verwendung für Tiefzieh-, Drück- und Treibarbeiten sowie zur Herstellung dünnwandiger Rohre. Blasmusikinstrumente, Kugelschreiberminen, Drahtgewebe sind einige Beispiele. Bekannt ist die Verwendung als Kartusch- oder Patronenmessing.

Ms 80 dient bevorzugt zur Herstellung von Metallschläuchen und Federungskörpern. Daneben wird es wegen seiner goldähnlichen Farbe wie die anderen Tombaklegierungen, nämlich

Ms 85, Ms 90 und **Ms 95** vielfach in Schmuckindustrie und Kunstgewerbe verarbeitet. Diese Legierungen dienen z. B. als Unterlage für die Goldplattierung beim sogenannten Doublé. Infolge der geringeren Empfindlichkeit gegen Spannungskorrosion verwendet man Tombak, vor allem Ms 85, für Installationsteile von elektrischen Freileitungen.

B. Eigenschaften.

1. Festigkeitseigenschaften. Auch bei den Messinglegierungen werden die einzelnen Härtezustände, weich, halbhart usw., durch Zahlenwerte der Zugfestigkeit, der Bruchdehnung und der Brinellhärte gegeneinander abgegrenzt. Tab. 7 enthält die Werte, wie sie voraussichtlich in die neuen Normblätter Aufnahme finden werden. Die letzten Zeilen enthalten außerdem die für Gußmessing in DIN 1709, Blatt 2, bereits festgelegten Werte.

Die Zugfestigkeit und die Härte zeigen ein stetiges Anwachsen mit steigendem Zinkgehalt. Abb. 11 zeigt dies für die Zugfestigkeit. Mit dem Auftreten der β-Kristalle im Gefüge, d. h. für Ms 60 und Ms 58, wird der Anstieg der Zugfestigkeit (und der Abfall der Dehnung) wesentlich stärker, die Kurven bekommen einen deutlichen Knick.

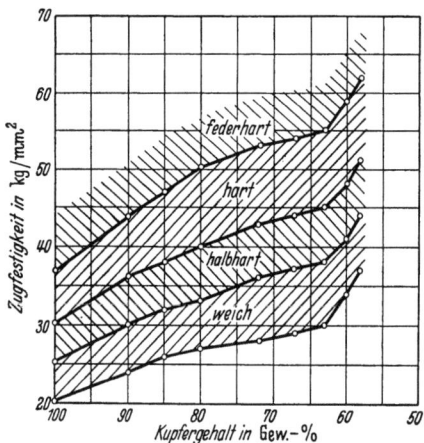

Abb. 11. Zugfestigkeit von Messing in Abhängigkeit vom Kupfergehalt.

Mit steigender Temperatur fallen die Festigkeitswerte von Messing zuerst allmählich, über 250° stärker ab. Dies gilt besonders für die kupferärmeren Legierungen. Auch die Verformbarkeit, ausgedrückt durch die Bruchdehnung, wird geringer. Sie steigt aber oberhalb 350° nach Durchlaufen eines spröden Bereiches wieder an.

Ähnlich wie bei Kupfer werden die Festigkeitseigenschaften von Messing durch tiefe Temperaturen wenig beeinflußt. Die bei Stahl gefürchtete Kaltversprödung ist bei den meisten Kupferlegierungen unbekannt.

Eigenschaften.

Tabelle 7. *Festigkeitswerte von Messing.*

Werkstoff	Zustand[1]	Zugfestigkeit kg/mm²	Bruchdehnung[2] (δ_5) Mindestwerte %	Brinellhärte (10 D²) Richtwerte kg/mm²
Ms 56	gepreßt	über 50	10	110
Ms 58	weich	37—44	25	90
	halbhart	44—51	8 (15)	115
	hart	51—62	5 (10)	140
	federhart	62—68	2 (5)	160
	doppelfederhart	über 68	—	—
Ms 60 und Ms 60 Pb	weich	34—41	30	80
	halbhart	41—48	16 (20)	100
	hart	48—59	8 (10)	130
	federhart	über 59	3 (5)	150
Ms 63 und Ms 63 Pb	weich	30—38	45 (40)	70
	halbhart	38—45	20 (25)	100
	hart	45—55	10	130
	federhart	55—62	5 (8)	145
	doppelfederhart	über 62	—	—
Ms 67	weich	29—37	45	70
	halbhart	37—44	20	100
	hart	44—54	10	130
	federhart	über 54	5	145
Ms 72	weich	28—36	44	70
	halbhart	36—43	19	100
	hart	43—53	10	125
	federhart	über 53	5	140
Ms 80	weich	27—33	43	65
	halbhart	33—40	18	95
	hart	40—50	9	120
	federhart	über 50	4	135
Ms 85	weich	26—32	42	60
	halbhart	32—38	16	90
	hart	38—47	8	115
	federhart	über 47	4	130
Ms 90	weich	24—30	41	60
	halbhart	30—36	15	85
	hart	36—44	7	110
	federhart	über 44	3	125
	Streckgrenze kg/mm²	Zugfestigkeit kg/mm²	Bruchdehnung (δ_5) %	Brinellhärte (10 D²) kg/mm²
G–Ms 64	6/8 [3]	15/20 [3]	10/20 [3]	45/60 [3]
GK–Ms 62	8/10	25/38	25/35	75/100
GD–Ms 60	8/10	25/35	8/20	75/100

[1] Die Zustände „federhart" und „doppelfederhart" können nicht bei allen Halbzeugarten und Abmessungen geliefert werden.

[2] Die in Klammern stehenden Werte beziehen sich nur auf Stangen, Profile und Drähte.

[3] Die vor dem Schrägstrich stehenden Zahlen sind Mindestwerte für die Abnahme; die dahinter stehenden Zahlen sind Richtwerte, die bei der Bemessung zu Grunde gelegt werden können.

Da viele Werkstücke nicht nur statisch, sondern auch dynamisch, z. B. durch Schwingungen, beansprucht werden, ist häufig die schwieriger zu bestimmende Dauerfestigkeit von Interesse. Die Angaben darüber im Schrifttum sind nicht einheitlich. Es ist jedoch weitgehend sichergestellt, daß die Dauerfestigkeit mit abnehmendem Kupfergehalt ansteigt. Die Zahlenwerte für den weichen Zustand liegen zwischen 8 und 15 kg/mm^2. Im entspannten Zustand ist mit höheren Werten zu rechnen.

2. Physikalische Eigenschaften. Ebenso wie die mechanischen sind auch die physikalischen Eigenschaften des Messings vom Kupfergehalt abhängig. Sie sind für die wichtigsten Messinglegierungen in Tabelle 8 aufgeführt. In vielen Fällen ist ein deutlicher Sprung in den Eigenschaften beim Auftreten der β-Kristalle zu beobachten.

Die Farbe der Messinglegierungen geht mit abnehmendem Kupfergehalt vom Rot des Kupfers über das Goldrot des Ms 90 und das Goldgelb von Ms 80 zum Grüngelb der Legierungen mit 72, 70 und 67 % Kupfer über. Von hier an bekommt der Farbton einen Stich ins Rote (beim Ms 63), bis die deutlich rötlichgelb gefärbten Legierungen Ms 58 und Ms 56 erreicht sind.

Messing ist ebenso wie Kupfer im allgemeinen nicht magnetisch. Jedoch können Eisengehalte von einigen Hundertstel Prozent bereits schwache magnetische Wirkungen hervorrufen. Das gleiche gilt für kleine Eisenmengen auf der Oberfläche, wie sie durch Werkzeugabrieb o. ä. auftreten können. Für elektrische und magnetische Meßinstrumente verwendet man Messingsorten mit besonders niedrigem Eisengehalt.

3. Korrosionsverhalten. Neben den bereits beim Kupfer besprochenen Arten der Korrosion (s. S. 9) beobachtet man beim Messing eine besondere Angriffsform, die als *Entzinkung* bezeichnet wird. Es handelt sich jedoch nicht, wie man vermuten könnte, um ein Herauslösen des Zinks aus der Oberfläche, sondern das gesamte Messing, also Kupfer und Zink, gehen in Lösung. Das Kupfer scheidet sich jedoch an der Angriffsstelle oder in ihrer Nähe in schwammiger Form ohne festen Zusammenhalt wieder ab. Dies kann zur völligen Zerstörung eines Werkstückes führen, ohne daß der Angriff in seinen Anfangsstadien beachtet wird. Besonders Rohrleitungen, die saure oder salzhaltige Flüssigkeiten enthalten, sind gefährdet. Als Abhilfe wird z. B. für Kondensatorrohre die Verwendung von Sondermessing, unter besonders schwierigen Bedingungen auch mit einem kleinen Zusatz von Phosphor oder Arsen, empfohlen.

Eine weitere Eigentümlichkeit der Messinglegierungen mit weniger als 80 % Kupfer ist die Neigung zur *Spannungskorrosion*. Werkstücke, die an ihrer Oberfläche unter dem Einfluß von Zugspannungen stehen, können plötzlich aufreißen, ohne daß ein äußerer Anlaß erkennbar ist. Man weiß heute, daß bereits sehr kleine Mengen von Ammoniak (Salmiakgeist) in der Luft die Risse auslösen können. Das gleiche gilt für die meisten Quecksilberverbindungen in wäßriger Lösung (z. B. in Schädlingsbekämpfungsmitteln). Zur Vermeidung der Spannungsrisse kann man entweder die auslösenden Stoffe fernhalten (Anstrich, geschützte Lagerung) oder besser die Spannungen im Werkstück beseitigen. Dies geschieht am einfachsten durch mehrstündiges Glühen bei nicht zu hohen Temperaturen (etwa 250—320°),

Eigenschaften.

das sogen. „Entspannungsglühen". Dabei werden die von der Kaltverformung, vom schroffen Abkühlen oder von anderen Ursachen herrührenden Eigenspannungen des Werkstückes abgebaut, ohne daß ein Verlust an Festigkeit oder Härte eintritt. Natürlich muß beim Einbau darauf geachtet werden, daß nicht erneut Spannungen im Material erzeugt werden. Gezogene Rohre und Stangen, sowie Tiefzieh-

Tabelle 8. *Physikalische Eigenschaften einiger Messinglegierungen.*

Eigenschaft	Ms 58	Ms 60	Ms 63	Ms 70	Ms 80	Ms 90
Elektrische Leitfähigkeit (im weichen Zustand) in m/Ohm · mm²	15	15	15	16	19	26
Widerstandstemperaturkoeffizient [1] (für 0—100° C) je ° C	0,00232	0,00193	0,00152	0,00153	0,00161	0,00190
Schmelzbereich [2] in ° C	890—895	895—900	900—910	920—950	980—1000	1030—1045
Siedepunkt (bei 760 mm Hg) in ° C	1080	1100	1110	1150	1240	1400
Spezifisches Gewicht in g/cm³	8,43	8,41	8,44	8,54	8,67	8,79
Elastizitätsmodul in kg/mm²	9500	10 400	11 200	11 500	12 100	12 600
Mittlere spezifische Wärme [3] (für 20—300° C) in cal/g · ° C	0,098	0,097	0,096	0,096	0,095	0,095
Wärmeleitfähigkeit (bei 20° C) in cal/cm · sec · ° C	0,26	0,27	0,27	0,29	0,34	0,42
Wärmeausdehnungskoeffizient [4] in 10⁻⁶/°C für 20—100° C	19,3	19,2	19,0	18,6	18,0	17,4
für 20—300° C	20,9	20,8	20,5	20,0	19,2	18,4

[1] Der Widerstandstemperaturkoeffizient dient zur Berechnung der Widerstandszunahme eines elektrischen Leiters durch Erwärmung nach folgender Formel:

$$R_1 = R_0 \cdot (1 + \alpha \cdot \Delta t)$$

(R_1 = Widerstand bei der höheren Temperatur; R_0 = Widerstand bei Raumtemperatur; α = Widerstandstemperaturkoeffizient; Δt = Temperaturerhöhung). Zahlenbeispiel: Ein Stab aus Ms 63 mit 10 Ohm Widerstand wird von 20 auf 90° C erwärmt. Dadurch steigt sein Widerstand auf $10 \cdot (1 + 0{,}00152 \cdot 70)$ Ohm = 11,07 Ohm.

[2] Legierungen besitzen meist keinen einheitlichen Schmelzpunkt, sondern erstarren in einem gewissen Temperaturbereich. In diesem Bereich befinden sich die Legierungen in einem teils flüssigen, teils festen Zustand. Vgl. dazu Abb. 6.

[3] Die spezifische Wärme eines Metalls gibt an, welche Wärmemenge zur Temperaturerhöhung um ein Grad erforderlich ist. Diese Wärmemenge hängt von der Temperatur ab. Die Tabelle enthält die mittlere spezifische Wärme für den Bereich von 20 bis 300° C.

[4] Der Wärmeausdehnungskoeffizient ermöglicht die Berechnung der Verlängerung eines Werkstücks durch Erwärmung. Hier gilt folgende Formel:

$$\Delta l = l_0 \cdot \beta \cdot \Delta t$$

(Δl = Verlängerung; l_0 = ursprüngliche Länge; β = Wärmeausdehnungskoeffizient; Δt = Temperaturerhöhung). Zahlenbeispiel: Eine Stange aus Ms 58 von 640 mm Länge wird von 25 auf 115° C erwärmt. Die Verlängerung beträgt dann $640 \cdot 19{,}3 \cdot 10^{-6} \cdot 90$ mm = 1,1 mm. Die Stange mißt dann also 641,1 mm.

teile sind besonders gefährdet. Abb. 12 zeigt ein Beispiel eines durch Spannungskorrosion zerstörten Tiefziehteiles aus Ms 63, Abb. 13 läßt den Nachweis von Eigenspannungen mit der Quecksilbernitratprobe erkennen. Messing mit über 80% Kupfer ist im allgemeinen gegen Spannungskorrosion unempfindlich. Eine ähnliche Erscheinung ist die Lotbrüchigkeit des Messings. Hier dringt das flüssige Lot während des Lötens in die Korngrenzen ein und bewirkt eine Schwächung des Werkstoffes.

Das Verhalten des Messings gegen die verschiedenen, allgemein vorkommenden Angriffsmittel unterscheidet sich nicht grundsätzlich von dem des Kupfers. Wie bei diesem, besteht keine gute Beständigkeit gegen Säuren und Lösungen saurer Salze. Gegen neutrale Salzlösungen und gegen Laugen ist Messing, vor allem Messing mit

Abb. 12. Durch Spannungskorrosion zerstörtes Ziehteil aus Ms 63.

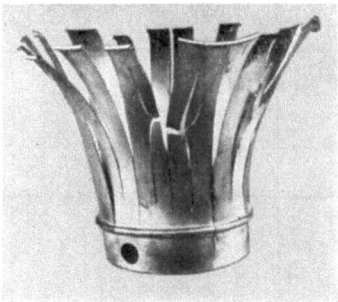

Abb. 13. Nachweis von Spannungen mit der Quecksilbernitratprobe.

niedrigerem Kupfergehalt recht beständig. Die Beständigkeit gegen Seewasser und Frischwasser ist bei den α-Messingen besser als bei den $(\alpha+\beta)$-Messingen. Bemerkenswert ist das Verhalten gegen Sauerstoff (Luft) bei höherer Temperatur. Die Legierungen mit weniger als 80% Kupfer überziehen sich mit einer festhaftenden, dichten Schicht von Zinkoxyd, die eine weitere Verzunderung verhindert. Tombak dagegen verhält sich beim Glühen wie Kupfer. Der schädigende Einfluß der Bewitterung auf Messing ist etwas stärker als bei Kupfer, ohne daß es aber zu einer raschen Zerstörung des Werkstoffes kommen kann.

C. Verarbeitung.

Entsprechend der größeren Bedeutung des Messings in der Technik ist die Anzahl der Normblätter, die sich mit den Abmessungen und den technischen Lieferbedingungen der Halbzeuge aus Messing befassen, wesentlich größer als bei Kupfer. Jedem Verbraucher von Messing-Halbzeug wird empfohlen, sich bei der Bestellung der einschlägigen Normen zu bedienen. Tab. 9 führt alle zur Zeit gültigen Blätter auf. Da aber zahlreiche Einzelnormen laufend neu bearbeitet werden, sei darauf hingewiesen, daß allein die jeweils neueste Ausgabe eines Normblattes verbindlich ist [1].

1. Spanlose Formgebung. Hierunter fallen Tiefziehen als das bedeutendste Verfahren, ferner Drücken, Stanzen, Fließpressen, Stauchen, Abkanten und Prägen.

---
[1] Vgl. Fußnote S. 4.

Für diese Arbeiten eignen sich am besten die Messinglegierungen mit α-Gefüge, also mit mehr als 63% Kupfer. In der Hauptsache wird in Deutschland Ms 63 verwendet, das die billigste der geeigneten Messingsorten darstellt.

Tabelle 9. *Normen für Halbzeug aus Messing.*

Halbzeug	Abmessungen	Techn. Lieferbedingungen
Blech, kalt gewalzt	DIN 1751	DIN 17670
Band und Streifen, kalt gewalzt	1791	17670
Bänder und Streifen für Blattfedern	1777	1780, 1781
Rohr, gezogen	1755	17671
Rohre für Kondensatoren	1785	1785
Messingdraht, gezogen	1757	17672
Rundmessing, gezogen	1756	17672
Rundmessing, gepreßt	1782	17672
Flachmessing, gezogen	1759	17672
Flachmessing, gepreßt	1760	17672
Vierkantmessing, gezogen	1761	17672
Vierkantmessing, gepreßt	1762	17672
Sechskantmessing, gezogen	1763	17672
Sechskantmessing, gepreßt	1764	17672
Winkelmessing, gepreßt	1765	17672

Das *Tiefziehen*[1] stellt ein Umformen von Blechzuschnitten zu Hohlkörpern sowie das Weiterformen der Hohlkörper dar, wie es in Abb. 14 schematisch aufgeführt ist. Das Ziehwerkzeug besteht aus dem Ziehring, auf dem der Blechzuschnitt liegt, dem Faltenhalter oder Niederhalter, der das Blech zur Verhütung von Falten führt, sowie dem Stempel oder Ziehdorn. Beim ersten Zug, dem „Anschlag", der das Blech in einen „Napf" umformt, eilt der Niederhalter dem Ziehstempel voraus, setzt sich während der Zieharbeit auf den unter dem Stempel vorstehenden Ring der Blechscheibe und hebt sich beim Hochgehen des Ziehstempels — wiederum vorauseilend — ab. Der Abstand des Niederhalters vom Ziehring ist der Blechdicke angepaßt. Die Breite des Spaltes zwischen Ziehring (mit konischem Einlauf) und Stempel soll beim ersten Zug etwa das 1,4fache der Blechdicke betragen. Zur Erreichung einer vorgeschriebenen Wanddicke und einer glatten Oberfläche wird bei den letzten Zügen die Wandung des Ziehteils abgestreckt, indem der Spalt enger als die Blechdicke gehalten wird. Wegen der auch beim Tiefziehen eintretenden unerwünschten Verfestigung muß durch Zwischenglühungen das Verformungsvermögen des Messings wieder hergestellt werden (siehe unter Wärmebehandlung S. 26). Der höchstmögliche Verformungsgrad im ersten Zug ist durch das Verhältnis vom Rondendurchmesser D zum Stempeldurchmesser d_1 („Ziehverhältnis") gegeben.

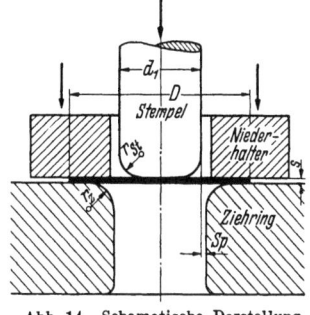

Abb. 14. Schematische Darstellung des Tiefziehens.
s = Dicke des Zuschnitts
D = Durchmesser des Zuschnitts
d_1 = Stempeldurchmesser
$D/d_1 < 2,2$
Stempelabrundung $r_{St} \gtreqless 5 \cdot s$
Ziehringabrundung $r_Z \gtreqless 10 \cdot s$
Spalt $Sp \approx 1,4 \cdot s$

[1] Vgl. Werkstattbuch Heft 25: W. SELLIN, Tiefziehtechnik.

D/d_1 kann den Betrag von 2,2 erreichen. Beim „Weiterschlag" ist das Ziehverhältnis durch den Durchmesser der aufeinanderfolgenden Ziehstempel d_1/d_2 oder d_2/d_3 gegeben, es kann hier aber nicht größer als 1,2 bis 1,6 sein, selbst nach vorausgegangener Zwischenglühung.

Den Abrundungsradien von Ziehstempel und Ziehring ist besondere Beachtung zu schenken. Der erste soll mindestens den fünffachen, der letzte mindestens den zehnfachen Wert der Blechdicke haben.

Als Schmiermittel beim Tiefziehen können bei dicken Zuschnitten Rüböl oder Mineralöl, bei dünnwandigen Ziehteilen Seifenwasser dienen. Auf ein Entspannungsglühen der Ziehteile nach dem letzten Zug zum Verhindern von Spannungskorrosion sei hier hingewiesen (vgl. S. 20).

Ausschnitte an Ziehteilen werden je nach ihrer Lage und Form teils vorher am Zuschnitt, teils erst nach der Verformung am Ziehteil angebracht. Besondere Bodenformen der Ziehteile, wie scharfe Ecken und Kanten, werden in einem letzten Arbeitsgang durch ein nachträgliches Prägen oder „Schlagen" erreicht. Nach dem Tiefziehen werden die Teile in der Regel beschnitten, bei runden Körpern auf Abstechbänken, bei eckigen Körpern mittels besonderer Schnitte auf einer Presse.

Eine mehr handwerksmäßige Form zur Erzeugung von Hohlgefäßen stellt das *Drücken* [1] dar. Es setzt einen besonders weichen Werkstoff voraus und hat vor dem Tiefziehen den Vorteil, daß es geringe Werkzeugkosten verursacht; es kommt deswegen meist nur für Einzelstücke oder kleine Serien in Frage (Kunsthandwerk). Die Formgebung erfolgt auf der Drückbank, auf der mittels eines polierten Drückstahls oder einer Rolle die Blechronde nach Abb. 15 um ein Futter herum oder in ein Futter hinein gedrückt wird. Die Faltenbildung wird durch Verwendung eines Gegenstahls oder einer Gegenrolle verhindert. Das Drückfutter kann bei kleiner Stückzahl aus Hartholz bestehen, an besonders beanspruchten Stellen sind Stahlringe einzulegen. Auf der Drückbank können auch leicht Bördelungen, Falze und Sicken hergestellt werden, auch Wellrohre werden auf diese Art gefertigt.

Das *Schneiden*, vielfach noch als Stanzen bezeichnet, ist ebenfalls zu den spanlosen Verformungsverfahren zu zählen. Das Werkzeug besteht aus einem Schnittstempel und einer Schnittplatte, mit oder ohne Stempel-Führung. Die Arbeitsflächen müssen hochglanzpoliert sein. Zur Erzielung glatter Schnittflächen empfiehlt es sich, dem Stempel eine scharfe Kante, der Schnittplatte eine leicht gerundete Kante zu geben. Werden an die Schnittflächen noch höhere Anforderungen gestellt, so ist ein mit geringer Spanabnahme verbundener Schabeschnitt anzuschließen.

Das *Prägen* ist bei Plaketten, Münzen und Bestecken bekannt. Der Werkstoff wird bei diesem Verfahren zwischen einem Ober- und Untergesenk gepreßt, wobei die Verformung zu starken Unterschieden in der Werkstoffdicke führen muß (Massivprägen). Beim Hohlprägen werden dünne Bleche verarbeitet, wie beispielsweise bei der Herstellung der Messerhefte.

Das *Stauchen* findet Anwendung beim Herstellen von Nieten, Bolzen, Schlauchventilen und vor allem bei Schrauben. Gestauchte Schrauben besitzen eine größere Dauerhaltbarkeit gegenüber den aus Vollmaterial gedrehten. Beim Schlagen bilden sich über der Einspannung sehr hoch beanspruchte kegelförmige Zonen, die beim

---

[1] Vgl. Werkstattbuch Heft 117: W. SELLIN, Metalldrücken.

Überschreiten der Werkstoffestigkeit zu Schubrissen führen. Für kalt zu stauchende Bolzen und Schrauben dient Ms 63, besonders, wenn das Gewinde nicht geschnitten, sondern gerollt wird. Für warm zu schlagende Schrauben wird Ms 58 verwendet.

Das *Fließpressen* von Messing wurde vom Kaltspritzen der Bleituben abgeleitet und weiter entwickelt. Das Verfahren — auch als Kaltspritzen oder Schlagspritzen bezeichnet — dient vorwiegend zur Herstellung von dünnwandigen Hohlkörpern in

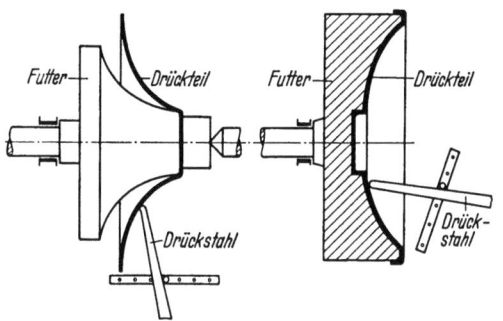
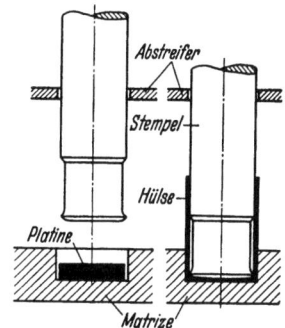

Abb. 15. Schematische Darstellung des Drückvorganges.
Links: Drücken über das Futter. Rechts: Drücken in das Futter.

Abb. 16. Schematische Darstellung des Fließpressens.

Becher- oder Hülsenform zur Verwendung in der Elektrotechnik oder im Apparatebau. Durch einen niedergehenden Stempel wird der weichgeglühte Rohling mit einem starken, schlagartigen Druck von etwa 200 kg/mm² in den Spalt zwischen Stempel und Matrize gedrückt, entweder gegen die Stempelbewegung oder mit ihr. Der Vorgang des Fließpressens ist in Abb. 16 schematisch dargestellt.

Schließlich seien unter den spanlosen Verformungsarbeiten noch das *Abkanten* und *Biegen* von Blechen oder Streifen zur Herstellung dünnwandiger Profile nach Abb. 17 und Abb. 18 sowie das Biegen von Rohren, hohlen oder massiven Profilen genannt.

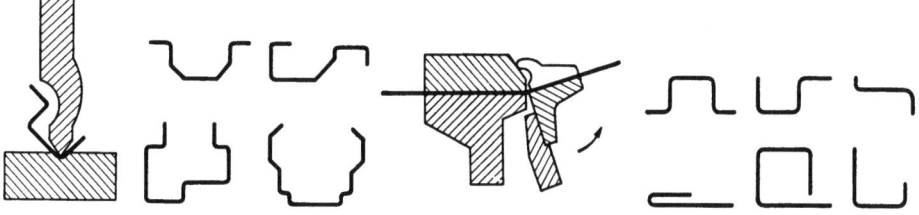

Abb. 17. Schema einer Abkantpresse und einige Abkantprofile.

Abb. 18. Schema einer Biegemaschine und Biegeprofile.

Für das *Gesenkpressen*, das in der Wärme erfolgt, kommen als Werkstoff die $(\alpha+\beta)$-Messinge Ms 58 und Ms 60 in Betracht. Die angewärmten Rohlinge (Abschnitte von stranggepreßten Stangen, Profilen und Rohren) werden in das Gesenk geschlagen. Ein in der Teilungsebene austretender Grat muß später entfernt werden. Die Erwärmung der Preßrohlinge auf Schmiedetemperatur (700 bis 750°) hat zur Vermeidung von Grobkornbildung sehr rasch zu erfolgen, am besten in gas- oder elektrisch beheizten Spezialöfen. Um das Ausheben der Gesenkpreßstücke zu erleichtern oder überhaupt zu ermöglichen, müssen sie leicht konisch sein (bis ½ Grad) und abgerundete Ecken und Kanten aufweisen. Gesenkpreßteile können mit geringen Toleranzen (weniger als $\sim 0{,}5$ mm) vollkommen auf das vorgeschriebene Maß gebracht werden, so daß eine nachträgliche Bearbeitung gar nicht mehr oder nur bei Passungen und Gewinden erforderlich ist. Eine wirtschaftliche Herstellung ist aber wegen der hohen Werkzeugkosten nur bei Serienfertigung möglich.

2. Wärmebehandlung. Durch jede Kaltverformung eines Metalls tritt eine Verfestigung ein, die teils wegen der Härtesteigerung erwünscht, teils, weil die Weiterverformung dadurch erschwert wird, unerwünscht ist. Bei Messing wie bei anderen Metallen wird dieser Anstieg von Streckgrenze, Härte und Festigkeit durch Glühen wieder ganz oder teilweise rückgängig gemacht. Die dazu notwendigen Temperaturen richten sich nach dem Ausmaß der vorangegangenen Verformung und nach der Legierung. Glühzeit und Ofenbauart haben außerdem einen Einfluß auf das Ergebnis der Glühbehandlung. Abb. 19 zeigt beispielsweise den Abfall von Festigkeit und Härte und den Wiederanstieg der Dehnung bei drei wichtigen Messinglegierungen in Abhängigkeit von der Glühtemperatur und der vorangegangenen Abwalzung.

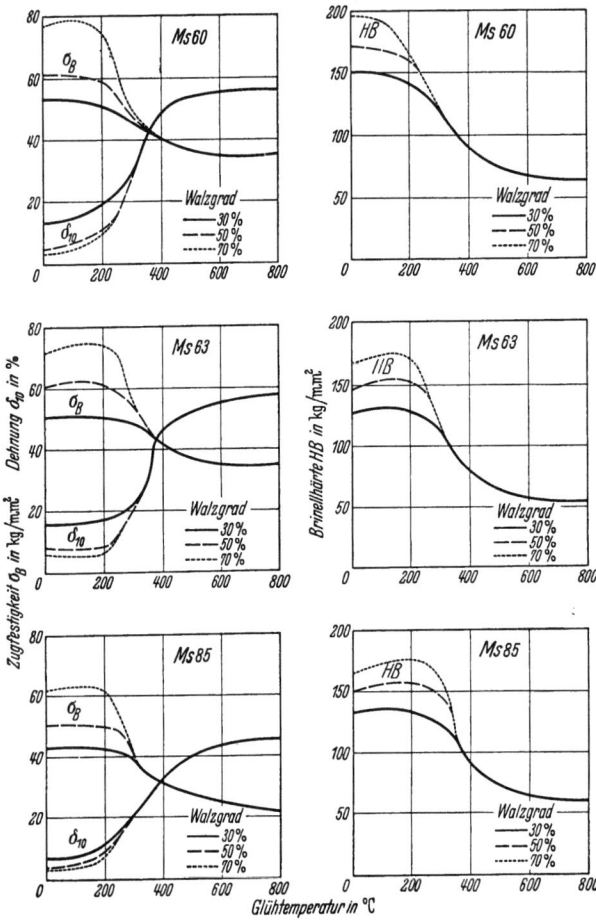

Abb. 19. Weichglühen von Ms 60, Ms 63 und Ms 85 nach vorherigem Kaltwalzen (Glühzeit 1 Std.).

Aus den Kurven ist zu ersehen, daß ein Glühen bei Temperaturen zwischen 500 und 600° in den meisten Fällen ausreicht, um das Material wieder in den weichen Zustand zu bringen. Übermäßige Glühtemperaturen und Glühzeiten führen zu Grobkornbildung, die zu Schwierigkeiten beim Tiefziehen und anderen Verformungsarbeiten Anlaß geben kann und deshalb zu vermeiden ist.

Werden Härtezustände zwischen weich und hart, also z. B. viertelhart, halbhart, benötigt, kann man entweder vom weichen Werkstoff ausgehen und durch eine Kaltverformung den gewünschten Zustand erreichen oder man vermindert Glühzeit oder Glühtemperatur beim Weichglühen eines harten Werkstückes und erhält auf diese Weise die angestrebten Festigkeitseigenschaften. Beide Verfahren werden bei der Herstellung von Halbzeugen aus Messing angewendet.

Auf die bei niedrigeren Temperaturen (250 bis 300°) durchzuführende „Entspannungsglühung" ist bei der Besprechung der Spannungskorrosion (S. 20) bereits hingewiesen worden.

3. Spanabhebende Bearbeitung findet statt beim Drehen, Fräsen, Hobeln und Bohren. Drehen und Bohren sind die häufigsten Verfahren. Die Zerspanungswerkstoffe müssen besonders bei Automatenbearbeitung leicht brechende Späne ergeben und gleichzeitig eine hohe Standzeit der Werkzeuge sicherstellen. Diese Anforderungen werden unter den Messinglegierungen von Hartmessing Ms 58 als ($\alpha+\beta$)-Messing am ehesten erfüllt. Reines α-Messing (Ms 63) ist mit spanabhebenden Werkzeugen schlecht zu bearbeiten. Durch Zusatz von etwa 2% Blei (als „Spanbrecher") wird die Zerspanbarkeit verbessert. Das im Messing unlösliche Blei bleibt in Form feiner, kugelförmiger Einschlüsse im Gefüge, die ein leichtes Auseinanderbrechen der abgehobenen Späne bewirken. Bei sehr fein verteiltem Blei ist die Bearbeitbarkeit besser als bei gröberer Verteilung, sie ist auch besser bei hart gezogenem Werkstoff als bei halbhartem oder weichem. Zu harte Stangen verursachen einen größeren Werkzeugverschleiß. Bei etwaigen Glühprozessen ist darauf zu achten, daß nicht durch Zinkverdampfung an der Oberfläche eine kupferreichere, schlechter zerspanbare Zone aus α-Mischkristallen entsteht.

Der Standzeit der Werkzeuge wird bei der Zerspanung deswegen so große Bedeutung beigemessen, weil sich der Zeitaufwand für das Nachschleifen und Einstellen unwirtschaftlich auswirkt. Neben der Schnittgeschwindigkeit, die die Standzeit am stärksten beeinflußt, wirken sich der Spanquerschnitt, der Vorschub, der Schnittdruck und die Form des Werkzeugs, also die Schnittwinkel aus. Die *Schnittgeschwindigkeit* wird so hoch wie möglich angestrebt; da sie die Standzeit am stärksten herabsetzt, muß sie andererseits in gewissen Grenzen bleiben. Sie hängt jedoch auch von der Größe des Spanquerschnitts ab. Die wirtschaftlichsten Schnittgeschwindigkeiten sind für Ms 58 in Tabelle 10 zusammengestellt.

Tabelle 10. *Wirtschaftliche Schnittgeschwindigkeiten in m/min für das Drehen von Messing Ms 58.*

Werkzeug	auf Automaten [1]							auf Drehbänken	
	Spanquerschnitt in mm²							Spanquerschnitt in mm²	
	0,1	0,2	0,3	0,5	0,8	1,0	2,0	0,1—0,5	0,8—2,0
Schnellarbeitsstahl	245	225	200	175	145	130	100	80—110	70—90
Hartmetall	490	450	400	350	290	260	220	150—250	100—200

[1] Diese Angaben sind der Refa-Tafel entnommen. Sie gelten für Längsdrehen bei einer Standzeit der Werkzeuge T_v von 60 min für Schnellarbeitsstähle und von 120 min für Hartmetallwerkzeuge. Kühlmittel: Seifenwasser oder trocken.

Der *Spanquerschnitt* (= Spantiefe × Vorschub) wird ebenfalls gern so groß wie möglich genommen. Es ist vorteilhafter, die Spantiefe zu vergrößern als den *Vorschub*. Letzterer soll bei Ms 58 für Längsdrehen bei 0,1 bis 0,35 mm/U und beim Formdrehen bei 0,01 bis 0,06 mm/U und beim Abstechen bei 0,08 bis 0,12 mm/U liegen. Mit einer Änderung des Spanquerschnitts erfolgt eine fast gleichstarke Änderung des zugehörigen *Schnittdruckes*. Da dieser werkstoffabhängig ist, kann seine ungefähre Größe durch Multiplikation des Spanquerschnitts mit dem vierfachen

Wert der Zugfestigkeit bestimmt werden. Die *Spanform* wird durch die Form des Werkzeuges und seine Schnittwinkel beeinflußt. Als Richtwerte, die aber je nach der Qualität des Werkzeugstahls weitgehend geändert werden können, seien zur Erzielung eines spritzigen Abreißspans folgende Winkel angegeben: Spanwinkel $\gamma = 0°$, Keilwinkel β etwa 80° (Bezeichnung nach DIN 768).

Beim *Bohren* gelten die in Tabelle 11 angegebenen wirtschaftlichen Schnittgeschwindigkeiten und Vorschübe.

Es ist zweckmäßig, den Bohrern für die Messingbearbeitung steile Nuten mit einem Drallwinkel von etwa 10° zur Achse zu geben.

Tabelle 11. *Schnittgeschwindigkeiten und Vorschübe beim Bohren von Messing Ms 58.*

	auf Automaten [1]						auf Drehbänken			
	Bohrerdurchmesser in mm						Bohrerdurchmesser in mm			
	0,2	0,5	1	5	10	20	0,5	1	5	10
Schnittgeschwindigkeit in m/min	7,5	23	40	90	120	115	20	40	100	120
Vorschub in mm/U	0,005	0,02	0,03	0,1	0,2	0,4	0,03	0,05	0,1	0,2

[1] Diese Angaben sind der Refa-Tafel entnommen. Sie gelten für Spiralbohrer aus Schnellarbeitsstahl bei reichlicher Kühlung mit Seifenwasser.

Beim *Hobeln* handelt es sich um ähnliche Vorgänge des Spanabhebens wie beim Drehen, so daß die gleichen Bedingungen wie dort gelten. Schnittgeschwindigkeit und Spantiefe sind durch die Leistung der Maschine begrenzt.

Für das *Fräsen* und *Sägen* von Messing können keine allgemeingültigen Bedingungen in diesem Rahmen genannt werden, da der Einfluß der Fräserform bzw. Sägenform vorherrscht. Es ist ebenfalls ein Spanwinkel von 0° anzustreben, die Vorschübe können im allgemeinen bei 0,4 bis 0,8 mm/U liegen.

Sofern neben guter Zerspanbarkeit noch eine gewisse Verformbarkeit des Werkstoffs verlangt wird (zum Biegen, Nieten oder Stauchen der Drehteile), können die Messinglegierungen Ms 60 Pb und Ms 63 Pb mit 60% und 63% Kupfer verwendet werden, deren Zerspanbarkeit durch Zusatz von 1 bis 2% Blei verbessert ist. Die Zerspanungsbedingungen dieser beiden Werkstoffe entsprechen nahezu denen von Ms 58; es empfiehlt sich jedoch, den Spanwinkel γ an den Werkzeugschneiden mit 5 bis 8° einzuhalten.

4. Verbindungsverfahren. a) Löten. Alle Messinglegierungen lassen sich gut weich und hart löten. Das *Weichlöten* wählt man, wenn es nicht auf die Festigkeit der Verbindung besonders ankommt und eine stärkere Erwärmung vermieden werden muß. Nach einer Reinigung der zu verbindenden Flächen werden sie mit Lötwasser oder Lötfett bestrichen und nach Auftragen eines Weichlotes (Blei-Zinn-Legierung nach DIN 1707) mit dem Lötkolben, der Lötflamme oder in einem Ofen erwärmt. Die Lötfuge bleibt wegen der fast weißen, anfänglich silberhellen, später grauen Farbe des Lötzinns immer sichtbar. Messingteile mit inneren Spannungen neigen zur Lötbrüchigkeit, indem das flüssige Lot an den Korngrenzen in das Messing eindringt und es auseinander sprengt. Solche Teile sind vor dem Löten bei etwa 250° zu entspannen.

Das *Hartlöten* vermeidet diese Schwierigkeiten. Es kommt da in Frage, wo größere Ansprüche an Verformbarkeit, Korrosionsbeständigkeit, Festigkeit und Farbe verlangt werden. Als Nachteile müssen die erhöhten Arbeitstemperaturen und — bei kaltverformten Teilen — ein Weichwerden des der Lötnaht benachbarten Werkstoffes in Kauf genommen werden. Den niedrigsten Schmelzpunkt unter den Hartloten besitzen die „Silberlote", das sind Kupfer-Zink-Legierungen mit einem Silbergehalt (im allgemeinen bis zu 20%), nach DIN 1734 als LAg 8, LAg 12, LAg 15, LAg 20 bezeichnet. Dieses Blatt enthält Angaben über die Arbeitstemperaturen und die geeigneten Anwendungsgebiete. Ein nur aus Kupfer und Phosphor bestehendes Lot ist die eutektische Kupfer-Phosphor-Legierung LCuP 8 mit 8% Phosphor. Ihre Arbeitstemperatur liegt bei 710°. Sie ist dünnflüssig, aber spröde und erlaubt keinerlei Verformung der Lötstelle.

Beim Hartlöten erwärmt man entweder die Lötstelle mit der Flamme eines Azetylen- oder Leuchtgasbrenners oder es werden die unter Beifügung des Hartlots zusammengepreßten Teile im Ofen erhitzt. Als *Flußmittel* dient Borax, seine Reste sind durch Spülen und Abreiben sorgfältig zu entfernen. Beim Hartlöten ist eine längere Erwärmung zu vermeiden, um eine grobkörnige Rekristallisation solcher Werkstücke zu verhindern, die eine schwache Kaltverformung erlitten haben.

b) Schweißen. Im Gegensatz zum Hartlöten wird beim Schweißen der Grundwerkstoff selbst bis zum Schmelzen erhitzt. Dadurch entsteht eine innige Verbindung, wobei die Festigkeit der Schweißnaht der des Grundwerkstoffs im weichgeglühten Zustand nahe kommt. Messing läßt sich besser schweißen als Kupfer, weil seine Wärmeleitfähigkeit nur etwa 30% von der des Kupfers beträgt. Bei den Schweißtemperaturen (900 bis 1000°) tritt leicht eine Verdampfung von Zink (Siedepunkt 906°) ein, wodurch porige oder aber durch Kupferanreicherung andersfarbige Schweißnähte entstehen. Es ist deshalb zum einwandfreien Schweißen von Messing eine gewisse Erfahrung erforderlich.

Beim *Gasschmelzschweißen*, das für Messing immer noch bevorzugt wird, ist ein Sauerstoffüberschuß von mindestens 20% einzuhalten. Dies ist, abweichend von allen anderen Metallen, beim Schweißen von Messing erforderlich, um die erwähnte Zinkverdampfung zu verhindern. Die abschmelzenden Tropfen des Schweißdrahtes überziehen sich dabei mit einer schützenden Oxydhülle. Der Zusatzwerkstoff soll aus verschiedenen Gründen, wie Festigkeit, Korrosionsbeständigkeit, Farbgleichheit, die gleiche Zusammensetzung wie der Grundwerkstoff haben. Die Zusatzdrähte enthalten aber zur Erhöhung der Dünnflüssigkeit, Herabsetzung des Schmelzpunktes und Verhütung der Zinkverdampfung Zusätze von etwa 0,2 bis 0,4% Silizium. Diese Messinglote sind in DIN 1733 genormt und stehen als LMs 42, LMs 48, LMs 54, LMs 60, LMs 63 oder LMs 85 in einer der Legierung des Grundwerkstoffs jeweils anpassungsfähigen Zusammensetzung zur Verfügung. Es befinden sich aber auch viele nicht genormte Schweißdrähte mit und ohne Sonderzusätze auf dem Markt.

Man schweißt wie bei Stahl, wobei jedoch das „Nachlinksschweißen" vorzuziehen ist, weil die Flamme dabei den noch zu schweißenden Werkstoff vorwärmt.

Als *Flußmittel* finden die bereits im Abschnitt Kupfer (S. 13) aufgeführten Verwendung, wie Borsäure mit Zusätzen von Metallsalzen, entweder in Pulverform oder pastenförmig. Borax allein, der beim Hartlöten sehr brauchbar ist, hat sich bei den höheren Temperaturen des Schweißens nicht bewährt.

Auf eine Nachbehandlung der Schweißnaht nach dem Erkalten — also nicht im rotwarmen Zustand wie bei Kupfer — durch Hämmern kann nicht verzichtet werden, um das grobe Gußgefüge der Schweißnaht bei dem nachfolgenden Glühen zu verfeinern. Dieses hat bei 600 bis 700° zu erfolgen, vor allem dann, wenn die Schweißnaht danach noch kalt verformt werden soll.

Bei kleineren Querschnitten (bis 2 mm Dicke) kommt auch das elektrische *Widerstandschweißen* in Frage. Es sind Schweißmaschinen hoher Leistung erforderlich, damit die Wärmeableitung so klein wie möglich gehalten werden kann. Das Punktschweißen kommt vor allem bei der Herstellung von Massenteilen aus Messing im Apparatebau und in der Elektrotechnik in Betracht.

Beim *Lichtbogenschweißen* liegen ähnliche Schwierigkeiten vor, wie sie bereits im Abschnitt Kupfer (S. 13) geschildert wurden. Bei Verwendung stark umhüllter Elektroden kann aber Messing mit dem elektrischen Lichtbogen recht gut geschweißt werden. Bei dem *Argonarc-Verfahren* tritt nur eine geringe Zinkverdampfung auf. Der zwischen dem Werkstück und einer nichtschmelzenden Elektrode aus Wolfram brennende Lichtbogen ist von dem Edelgas Argon umhüllt, so daß das geschmolzene Messing nicht oxydieren kann und Flußmittel entbehrlich sind. Dasselbe gilt sinngemäß von dem neueren *Sigma-Verfahren*, bei welchem statt der Wolframelektrode der Zusatzdraht als Elektrode dient.

5. Oberflächenbehandlung. a) Schleifen und Polieren. Das Aussehen der Oberfläche von Messingteilen kann durch Schleifen, Polieren, Sandstrahlen, Beizen und Brennen wesentlich verbessert werden. Das *Schleifen* erfolgt mit Schleifscheiben oder Schleifbändern (Kontaktschleifen), die das Schleifmittel, meist Schmirgel unterschiedlicher Körnung, aufgeleimt tragen. Für das *Polieren* sind Schwabbelscheiben aus Stoff in Gebrauch, auf die das Poliermittel, wie Bimspulver, Eisenoxyd, Chromoxyd oder Wiener Kalk in Pulverform oder als angerührte Paste aufgetragen wird. Das Polieren von Messingteilen ist Gefühls- und Erfahrungssache. Der Anpreßdruck ist niedrig zu halten, die Polierrichtung ist nach Möglichkeit häufig zu ändern, um kometenähnliche „Polierschwänze" zu vermeiden. Diese entstehen, wenn in das Messing harte Fremdkörperchen, wie Späne, Schleifpulver oder dgl. eingedrückt werden oder wenn größere Löcher herausgerissen worden sind.

In jüngster Zeit wurde das *elektrolytische Glänzen* von Messing bekannt. Die in einem Schwefelsäure-Phosphorsäure-Bad als Anode geschalteten Messingteile werden unter Einfluß des elektrischen Stromes „poliert" d. h. die hervorstehenden Spitzen der Oberfläche werden bevorzugt abgetragen. Durch eine kurzzeitige Stromumkehrung können hauchdünne Kupferniederschläge auf dem geglänzten Werkstück erreicht werden, so daß man bei Messing mit niedrigem Kupfergehalt die Oberflächenfarbe von Tombak erhalten kann.

b) Beizen und Brennen[1]. Durch *Beizen* in einem etwa 10 bis 15%igen Schwefelsäurebad, das am besten auf etwa 50° erwärmt wird, können Gußkrusten

---

[1] Vgl. auch Werkstattbuch Heft 9: W. BARTHELS, Rezepte für die Werkstatt.

und Zunderschichten beseitigt werden. Wenn das Metall in der Beize rote Flecken aus Kupfer erhält, so sind die Teile entweder zu heiß eingelegt worden (nach dem Glühen) oder aber die Beize ist durch Eisen verunreinigt. Die Schwefelsäurebeize greift lediglich die Zunderschicht, nicht jedoch das metallische Messing an. Durch Zusatz von oxydierenden Säuren, z. B. von 1% Salpetersäure oder bis 5% Chromsäure bzw. Kaliumbichromat wird ein stärkerer Angriff und damit eine größere Reinheit der Oberfläche erzielt. Voraussetzung zu einem einwandfreien Beizen ist ein richtiges *Entfetten*. Hierzu dienen entweder organische Lösungsmittel, wie Trichloräthylen — genannt Tri — und Perchloräthylen — genannt Per — oder aber alkalische Lösungen, die Ätznatron, Soda, Silikate und Phosphate enthalten und unter verschiedenen Markenbezeichnungen im Handel sind. Geglühte Teile sind wohl fettfrei, sie können aber verkokte und festgebrannte Rückstände von Schmiermitteln aufweisen, die beim Beizen schwer oder gar nicht zu entfernen sind.

Sollen Messingteile ein glänzendes Aussehen haben, so müssen sie „gebrannt" werden. Das *Gelbbrennen* erfolgt zunächst in einer Vorbrenne aus konzentrierter Salpetersäure mit Zusätzen von einigen Gramm Kochsalz oder Glanzruß je Liter, in die das Werkstück für einige Sekunden eingelegt wird. Nach dem Abspülen mit Wasser wird das Teil in eine Glanzbrenne getaucht, die zu gleichen Teilen aus konzentrierter Salpetersäure und konzentrierter Schwefelsäure besteht und ebenfalls einige Gramm Kochsalz oder Glanzruß je Liter enthält. Auf gründliches Abspülen in Wasser und sofortiges Trocknen — am besten in warmen Sägespänen — ist zu achten. Sonstige Vorschriften für die Zusammensetzung von Brennen weichen von der genannten Zusammensetzung mehr oder weniger stark ab.

c) **Galvanische Überzüge.** Auf Messing lassen sich eine Reihe metallischer Überzüge galvanisch aufbringen. Am meisten werden Nickel, Chrom, Silber und Gold angewendet. *Nickel* war früher wegen des verhältnismäßig einfachen Verfahrens und der schönen weißen Farbe wie auch wegen der guten Polierfähigkeit der beliebteste Schutzüberzug für Messing. Die Vernickelung ist auch beständig gegen chemische Einwirkung von Gasen, vielen Säuren und Salzen. Im allgemeinen beträgt die Dicke der Nickelschicht je nach Verwendungszweck zwischen 5 bis 20 Mikron (1 Mikron = 1/1000 mm). Die Nickelüberzüge sind erst von 3 Mikron Dicke an dicht und porenfrei. Neuerdings werden *verchromte* Messingteile mehr bevorzugt als vernickelte, weil der bläulich-weiße Chromüberzug auch unter ungünstigen atmosphärischen Einwirkungen stets blank und glänzend bleibt und außerdem eine größere Härte besitzt. Dünne Chromschichten haben den Nachteil, daß sie porös sind, dickere zeigen gern Haarrisse, so daß zur Erzielung eines einwandfreien Schutzes vor dem Verchromen gut zu unternickeln ist. In diesem Fall erhält die Nickelschicht eine Dicke von etwa 10 Mikron, während für die Chromschicht eine Dicke von etwa 0,5 Mikron genügt.

Das *Versilbern* ist bei Schmuck wie auch bei Tafelgeräten üblich, letztere werden jedoch heute weniger aus Messing, sondern vorwiegend aus Neusilber hergestellt.

Ein galvanisches *Vergolden* findet neben der Goldplattierung (Doublé) bei den höher mit Kupfer legierten Tombakarten für Schmuck und Bijouteriewaren Anwendung.

Die galvanische *Verzinnung* hat noch nicht die Bedeutung der Verzinnung im schmelzflüssigen Bad (Feuerverzinnung) erreicht. Es sind aber auch bei der galvanischen Verzinnung dünnere Zinnschichten als bei der Feuerverzinnung möglich. Diese wird aber für Geräte der Lebensmittelindustrie, Kühlschrankrohre u. dgl. noch vielfach angewendet.

d) **Emailüberzüge.** Emailüberzüge sind in der Schmuckwarenindustrie, bei Plaketten, Puderdosen, Anhängern u. ä. beliebt. Es sei darauf hingewiesen, daß sich nur Tombak mit mindestens 95% Kupfer einwandfrei emaillieren läßt. Bei Tombaklegierungen mit niedrigerem Kupfergehalt blättert das Email ab.

e) **Färben.** Den Messinglegierungen kann auch durch chemische Färbungen eine ansprechende Oberfläche mit künstlerischer Wirkung gegeben werden. Am bekanntesten ist die Braunfärbung mit Schwefellauge („Schwefelleber"), mit der das sog. Altmessing durch nachfolgendes Abschleifen der erhabenen Stellen mit Bimsmehl erzeugt wird. Ammoniakalisches Kupferkarbonat ergibt eine tiefschwarze Färbung, Kaliumpermanganat gibt braune bis olivgrüne Töne.

Blanke wie auch gefärbte Messingteile sind zum Schutz der Oberfläche mit einem farblosen Einbrennlack oder mit Zaponlack zu überziehen.

D. Sondermessing.

Die technischen Eigenschaften der Messinglegierungen lassen sich durch Zusätze weiterer Metalle erheblich beeinflussen. Die entstehenden Legierungen führen die Bezeichnung „Sondermessing". Sie besitzen meist höhere Härte und Festigkeit, bessere Korrosionsbeständigkeit, günstigere Laufeigenschaften als Lagerwerkstoffe und bessere Warmfestigkeit. Durch das Normblatt DIN 17 661, das für die Knetlegierungen an Stelle von DIN 1709 getreten ist, ist die Vielzahl der Markenbezeichnungen in bestimmte Gruppen eingeordnet. Der Kupfergehalt der Sondermessinge liegt zwischen 56 und 79%, die Gesamtmenge der veredelnden Zusatzmetalle beträgt im allgemeinen nicht mehr als 6%. Blei zählt nicht zu den veredelnden Bestandteilen. Die Zusätze, von denen ein Sondermessing oft mehrere nebeneinander enthält, beeinflussen neben den Eigenschaften auch das Gefüge in bestimmter Weise, indem die Grenzen zwischen den Zustandsfeldern im Zustandsdiagramm verschoben werden.

1. **Zusammensetzung.** Als die bekanntesten Zusätze kommen Nickel, Mangan, Eisen, Zinn, Aluminium und Silizium, meistens mehrere von ihnen gemeinsam, in Betracht. In Tabelle 12 sind die in DIN 17 661 genormten Sondermessinge mit ihren Legierungsbestandteilen zusammengestellt. Die darin aufgeführten Zusätze bewirken im wesentlichen folgende Eigenschaftsänderungen:

Nickel steigert die mechanischen Eigenschaften in günstiger Weise, es erhöht die Härte, ohne daß eine Verminderung der Dehnung eintritt. Ebenso wird durch steigenden Nickelgehalt der Korrosionswiderstand des Sondermessings günstig beeinflußt.

Auch *Mangan* verbessert im Verein mit anderen Zusätzen die Festigkeit und die Zähigkeit des Sondermessings, ebenso die Korrosionsbeständigkeit, besonders gegen Seewasser und Heißdampf.

Eisen, das bei Raumtemperatur nur wenig in Messing löslich ist, bewirkt eine Verfeinerung des Gefüges und eine Erhöhung der Festigkeit, doch wird bei höheren Eisengehalten die Dehnung erniedrigt und die Korrosionsbeständigkeit vermindert.

Sondermessing.

Tabelle 12. *Zusammensetzung von Sondermessing* (nach DIN 17 661). Siehe Fußnote Seite 4.

Kurzzeichen	Zusammensetzung in %									Zulässige Beimengungen höchstens %
	Cu	Ni	Mn	Fe	Sn	Al	Si	Pb	Zn	
SoMs 58	56,0—61,0	0—2,0	0,5—3,0	0,5—1,5	0—0,5	—	—	—	Rest	Al + Si: 0,1 Pb: 1,0 Sonstige: 0,25
SoMs 58 Pb	56,0—61,0	0—0,5	0,4—2,0	0,2—0,6	—	—	—	1,0—2,0	Rest	Sn: 0,5 Sonstige: 0,25
SoMs 58 Al 1	56,0—61,0	0—2,0	0,2—3,0	0—1,5	0—0,5	0—1,0	0—0,5	0—1,0	Rest	Sonstige: 0,25
SoMs 58 Al 2	56,0—61,0	0—2,0	0,2—3,0	0,5—1,5	0—0,5	0,4—1,3	0—0,8	0—0,8	Rest	Sonstige: 0,25
SoMs 59	57,0—62,0	2,0—3,0	1,5—2,5	0—0,5	0—0,5	1,3—2,5	0—0,8	—	Rest	Si: 0,1 Sonstige: 0,25
SoMs 64	61,0—66,0	0—0,5	2,0—5,0	0,5—3,5	—	0,3—1,5	0—0,5	0—0,8	Rest	Pb: 0,25 Sonstige: 0,25
SoMs 68	66,0—70,0	—	—	—	—	2,5—7,5	0,75—1,25	0—0,8	Rest	Ni: 0,5 Fe: 0,4 Sonstige: 0,25
SoMs 70	67,0—71,0	—	0—1,0	0—0,5	—	0,5—2	0,3—0,7	—	Rest	Ni: 0,5 Sonstige: 0,25
SoMs 71	70,0—72,5	—	—	—	0,9—1,3	—	—	—	Rest[1]	Ni: 0,5 Mn: 0,1 Fe: 0,07 Pb: 0,07
SoMs 76	76,0—79,0	—	—	—	—	1,8—2,3	—	—	Rest[1]	Ni: 0,5 Mn: 0,1 Fe: 0,07 Pb: 0,07

[1] Dazu wahlweise P und/oder As: 0,02—0,06.

34   Messing.

Zinn wirkt ebenfalls härtend, daneben erhöht es die Korrosionsbeständigkeit. Kupferarme Sondermessinge können bis 0,8%, kupferreiche bis 1,5% Zinn enthalten.

Aluminium verbessert besonders die Korrosionsbeständigkeit wie auch die Zunderfestigkeit, es erhöht außerdem in starkem Maße Festigkeit und Härte.

Silizium erhöht Verschleißbeständigkeit, Härte und Korrosionsbeständigkeit, es kann aber nur in geringen Mengen zugesetzt werden, da es die Dehnung ungünstig beeinflußt. Es ist vor allem in dem als Federwerkstoff dienenden Sondermessing SoMs 70 und in dem für Gleitlager geeigneten Sondermessing SoMs 68 enthalten.

Blei erfüllt im Sondermessing bei einem Zusatz von 1 bis 3% den gleichen Zweck wie in Messing Ms 58, nämlich die Verbesserung der Zerspanbarkeit. Auf die anderen Eigenschaften hat Blei praktisch keinen Einfluß.

2. Festigkeitseigenschaften. Die mechanischen Eigenschaften der einzelnen Sondermessing-Legierungen weichen infolge der unterschiedlichen Zusammensetzung weit voneinander ab. Bei einigen Sondermessingen werden die mechanischen Eigenschaften von unlegierten Stählen erreicht, indem unschwer Festigkeitswerte von 50 bis 70 kg/mm² und Dehnungswerte von 15 bis 25% eingehalten werden können. Tabelle 13 gibt Richtwerte für die Festigkeitseigenschaften der genormten Sondermessinge wieder.

Tabelle 13. *Festigkeitseigenschaften von Sondermessing (Richtwerte).*

Kurzzeichen	Zustand	Zugfestigkeit kg/mm²	Streckgrenze kg/mm²	Bruchdehnung (δ_{10}) %	Brinellhärte (HB 10) kg/mm²
SoMs 58	hart	45	28	20	110
SoMs 58 Pb	hart	45	25	15	130
SoMs 58 Al 1	hart	50	22	12	120
SoMs 58 Al 2	hart	60	28	10	140
SoMs 59	hart	45	25	20	100
SoMs 64	hart	85	60	6	220
SoMs 68	halbhart	40	12	22	80
	hart	52	35	10	130
SoMs 70	hart	45	25	20	100
	federhart	60	35	8	155
SoMs 71	weich	35	max. 15	45	70
	halbhart	40	max. 22	35	90
SoMs 76	weich	35	max. 16	45	70
	halbhart	40	max. 23	30	90

3. Physikalische Eigenschaften. Einen Überblick über die physikalischen Eigenschaften gibt Tabelle 14. Auch sie weichen wegen der unterschiedlichen Zusammensetzung mehr oder weniger stark von denen der einfachen Messinglegierungen ab. Am wenigsten verändert wird der Schmelzpunkt, da er nur vom Kupfergehalt abhängig ist und von den Legierungsbestandteilen nicht nennenswert beeinflußt wird.

4. Korrosionsverhalten. Die Sondermessinge besitzen, wie bereits gesagt wurde, gegenüber den reinen Messinglegierungen eine erhöhte Widerstandsfähigkeit gegen chemische Angriffe. Einige der Legierungen, besonders die mangan- und zinnhaltigen, werden oft als seewasserbeständige Bronzen bezeichnet. Bei Sondermessingen, die neben den α- und β-Mischkristallen noch unlösliche Sonderbestandteile (z. B. Eisen) im Gefüge enthalten, ist die Gefahr der Korrosion durch örtliche Elementbildung in stärkerem Maße vorhanden als bei homogenen Legierungen.

Tabelle 14. *Physikalische Eigenschaften einiger Sondermessinglegierungen.*

Kurzzeichen	Spez. Gewicht g/cm³	Unterer Schmelzpunkt °C	Wärmeausdehnungskoeffizient für 20–300° $10^{-6}/°C$	Wärmeleitfähigkeit bei 20° cal/cm · sec · °C	Elektrische Leitfähigkeit m/Ohm · mm²	Elastizitäts-Modul kg/mm²
SoMs 58 Al 1	8,3	890	17	0,24	14	10 000
SoMs 58 Al 2	8,3	890	17	0,24	13	10 000
SoMs 68	8,5	930	18	0,18	9,5	11 000
SoMs 70	8,6	960	17	0,24	12	11 000
SoMs 71	8,5	940	20	0,27	14	10 500
SoMs 76	8,6	975	20	0,29	15	10 500

5. Verwendung.

SoMs 58 stellt ein aluminiumfreies Sondermessing mittlerer Festigkeit dar. Es besitzt eine gute Beständigkeit gegen die Atmosphäre wie auch gegen Seewasser. Es dient bevorzugt als Konstruktionswerkstoff im Apparatebau.

SoMs 58 Pb hat nahezu gleiche Eigenschaften wie SoMs 58, darüber hinaus ist es wegen des Bleigehaltes gut zerspanbar. Es dient häufig zur Herstellung von Wälzlagerkäfigen, ist aber auch gut für Warmpreßteile geeignet.

SoMs 58 Al 1 ist ein Konstruktionswerkstoff mittlerer Festigkeit und hoher Zähigkeit, dabei sehr witterungsbeständig. Dieses Sondermessing dient auch als Werkstoff für Apparatebauteile, die bevorzugt aus gezogenen oder gepreßten Stangen und Profilen hergestellt werden. Außerdem eignet es sich für nicht zu hoch beanspruchte Gleitlager.

SoMs 58 Al 2 weist hohe Festigkeitseigenschaften auf und dient als Konstruktionswerkstoff im allgemeinen Maschinenbau und im Schiffbau. Diese Legierung ist gegen atmosphärische Einwirkungen sehr beständig. Sie hat sich wegen ihrer guten Laufeigenschaften auch als Gleitlagerwerkstoff bewährt.

SoMs 59 wird im Schiffbau bevorzugt, da es wegen des Mangangehaltes sehr seewasserbeständig ist. Es dient als Werkstoff für Wellenbezüge und Pumpenräder, für Triebräder und Schnecken.

SoMs 64 ist ein Sondermessing höchster Festigkeit und deshalb für Konstruktionen mit sehr hohen Beanspruchungen geeignet.

SoMs 68 ist ein guter Gleitlagerwerkstoff, der sich auch bei hohen Belastungen bewährt. Er ist geeignet für Lagerbüchsen, Führungen und sonstige Gleitelemente. Die Herstellung der Lager erfolgt bevorzugt aus gepreßten oder gezogenen Rohren und Stangen. Auch aus Bändern werden gerollte Lagerbüchsen hergestellt.

SoMs 70 dient vorwiegend als Werkstoff für Federn, die aus Blechen, Bändern und Drähten hergestellt werden. Auch als Anlauf- und Dämpferstäbe in der Elektrotechnik findet es daneben Verwendung.

SoMs 71 ist noch allgemein unter den Begriffen „Admiralitätslegierung" oder „Legierung 70/29/1" bekannt. Es handelt sich um ein Sondermessing für Kondensatorrohre in Land- und Schiffsanlagen, für Wärmeaustauscherrohre in Hüttenwerken und Ölraffinerien und für Speisewasservorwärmer. Besonders geeignet ist es bei sauren Grubenwässern und bei Brackwasser, sofern die Kühlwassergeschwindigkeit nicht zu hoch ist.

SoMs 76 wurde bisher vielfach noch als „Aluminiummessing" oder als „Legierung 76/22/2" bezeichnet. Es besitzt gegen Seewasser eine noch höhere Korrosionsbeständigkeit als SoMs 71, ebenso einen höheren Erosionswiderstand. Deshalb ist SoMs 76 besonders in Schiffsanlagen als Kondensatorrohr-Werkstoff bei einer größeren Kühlwassergeschwindigkeit geeignet. In Landanlagen wird es bei besonders aggressivem Kühlwasser eingesetzt.

6. Guß-Sondermessing. Die gegossenen Sondermessinglegierungen besitzen ähnliche Eigenschaften wie die Sondermessing-Knetlegierungen der vorhergehenden Abschnitte. Aus ähnlichen Gründen ersetzen sie deshalb vielfach die einfachen Gußmessinge. An Stelle der früher bekannten beiden Legierungen „Sondergußmessing A" und „Sondergußmessing B" sind heute unter dem neuen Begriff „Guß-Sondermessing" die Legierungen G–SoMs 60 und G–SoMs 57 genormt. Ihre Zusammensetzung und ihre Festigkeitseigenschaften sind in den Tabellen 15 und 16 aufgeführt (nach DIN 1709, Ausgabe Dez. 1953).

Tabelle 15. *Zusammensetzung von Guß-Sondermessing* (nach DIN 1709). Siehe Fußnote Seite 4.

Kurzzeichen	Zusammensetzung in %								Zulässige Beimengungen höchstens %			
	Cu	Ni bis	Al bis	Si bis	Mn bis	Fe bis	Sn bis	Zn	Sb	As	P	Pb
G–SoMs 60	58—62	3,0	0,1	2,0	1,0	1,0		Rest	0,1	0,1	0,1	1,0
				Si+Mn+Fe+Sn höchstens 3,0								
G–SoMs 57	54—64	3,0	Al+Si+Mn+Fe+Sn höchstens 7,5					Rest	0,1	0,1	0,1	1,0 [1]

[1] Bei F 60 ist der Pb-Gehalt mit 0,5% begrenzt.

Tabelle 16. *Festigkeitseigenschaften*[1] *von Guß-Sondermessing* (nach DIN 1709). Siehe Fußnote S. 4.

Kurzzeichen	Zugfestigkeit kg/mm²	Streckgrenze kg/mm²	Bruchdehnung (δ_5) %	Brinellhärte (HB 10) kg/mm²
G–SoMs 60 F 30	30/35	10/12	15/25	75/85
G–SoMs 57 F 45	45/55	15/20	20/25	110/140
G–SoMs 57 F 60	60/70	25/30	15/20	140/160

[1] Die größeren Werte sind Richtwerte für den Konstrukteur, die kleineren Werte müssen bei der Abnahme erreicht werden.

Bei G–SoMs 60 handelt es sich um ein aluminiumfreies Guß-Sondermessing mit einigen Sonderzusätzen, das sich gut gießen läßt. Es kommt besonders für Gußstücke in Betracht, die bei hohem Gas- oder Wasserdruck dicht sein müssen, also für Hochdruckarmaturen. Es ist sehr gut weich- und hartlötbar. Das G–SoMs 57 ist ein zähhartes Guß-Sondermessing, das eine hohe Festigkeit und auch eine gute Dehnung besitzt. Es ist in den beiden Festigkeitszuständen F 45 und F 60, die von dem Anteil der Legierungszusätze abhängig sind, genormt. Im Zustand F 45 findet Guß-Sondermessing 57 für Druckmuttern an Walzwerken und Spindelpressen, für Stopfbüchsen und auch für Schiffspropeller Verwendung. Der Zustand F 60 des Guß-Sondermessings 57 weist dank eines höheren Anteils an Legierungsbestandteilen eine noch höhere Festigkeit und Härte auf, so daß G–SoMs 57 F 60 für hoch beanspruchte Ventil- und Steuerungsteile, Ventilsitze und -kegel eingesetzt wird. Wegen seiner außerordentlich hohen Festigkeit (bis rd. 75 kg/mm²) wurde es früher als Stahlbronze bezeichnet.

III. Neusilber.

1. Einteilung und Verwendungsgebiete. Die aus Kupfer, Nickel und Zink zusammengesetzten Neusilberlegierungen zeichnen sich besonders durch ihre Korrosionsbeständigkeit und ihre hohe Festigkeit aus. Diese gelblichweißen bis silberweißen Werkstoffe stellen eine preiswerte Abart der in Amerika mehr verwendeten korrosionsbeständigen Kupfer-Nickel-Legierungen (vgl. S. 40) dar. In Tabelle 17 (S. 38) sind die nach DIN 17 663 genormten Neusilber-Knetlegierungen mit ihrer Soll-

Tabelle 18. *Festigkeitseigenschaften der Neusilber-Knetlegierungen (Richtwerte).*

Legierung	Zustand	Zugfestigkeit kg/mm²	Bruchdehnung (δ_{10}) %	Brinellhärte (5D²) kg/mm²
Ns 47 12	weich	45	30	100
	halbhart	54	10	150
	hart	60	1	180
Ns 47 11 Pb	weich	45	25	100
	halbhart	54	8	150
	hart	60	0,5	180
Ns 57 12 Pb	weich	36	35	78
	halbhart	43	30	105
	hart	50	25	145
Ns 62 18 Pb	weich	40	35	90
	halbhart	48	25	135
	hart	55	8	155
Ns 65 12	weich	40	40	85
	halbhart	48	20	135
	hart	56	17	155
	federhart	72	1,5	185
Ns 62 18	weich	42	40	85
	halbhart	50	20	142
	hart	59	7	160
	federhart	76	1,5	190
Ns 60 25	weich	45	30	90
	halbhart	54	17	150
	hart	63	5	170
	federhart	81	0,5	200

Tabelle 17. *Übersicht über die Neusilber-Knetlegierungen (nach DIN 17 663). Siehe Fußnote Seite 4.*

Kurzzeichen	Zusammensetzung				Zulässige Verunreinigungen in %				Anwendungsgebiete
	% Cu	% Ni	% Pb	Zn	Pb	Mn	Fe	Sonstige	
Ns 47 12	45—49	11—13	—	Rest	0,1	0,5	0,5	0,1	Bauwesen, Innenarchitektur
Ns 47 11 Pb	45—49	10—12	bis 2	Rest	—	0,5	0,5	0,1	wie Ns 47 12, jedoch gut zerspanbar
Ns 57 12 Pb	55—59	11—13	bis 2,5	Rest	—	0,5	0,5	0,1	Feinmechanik, Optik, Uhrenindustrie, Schlüssel
Ns 62 18 Pb	59—63	17—19	bis 2	Rest	—	0,7	0,3	0,1	wie Ns 57 12 Pb, jedoch bessere Korrosionsbeständigkeit
Ns 65 12	63—67	11—13	—	Rest	0,05	0,5	0,3	0,1	Tiefziehteile, Tafelwaren, Bestecke, Kunstgewerbe, Beschläge
Ns 62 18	60—64	17—19	—	Rest	0,03	0,7	0,3	0,1	wie Ns 65 12, Federwerkstoff
Ns 60 25	58—62	24—26	—	Rest	0,03	0,7	0,3	0,1	Schanktischverkleidungen, Ladenfronten, Vitrinen usw.

zusammensetzung und den wichtigsten Anwendungsgebieten aufgeführt. Ein Teil der Legierungen enthält einen Bleizusatz, um die Zerspanbarkeit zu verbessern.

Die Legierungen Ns 47 12 und Ns 47 11 Pb besitzen infolge des niedrigen Kupfergehaltes ein Gefüge, das neben den α-Kristallen auch β-Kristalle enthält (vgl. S. 16). Sie sind deshalb gut warmverformbar und werden bevorzugt in Form von stranggepreßten Profilen geliefert. Die übrigen Neusilber-Legierungen besitzen α-Gefüge und sind deshalb zur Kaltverformung geeignet.

Verwendung finden die Neusilber-Legierungen für zahlreiche dekorative Zwecke auf dem Gebiet der Architektur, für Schaufenstergestaltung, Verkaufsvitrinen, Treppenhäuser und Gaststätten, für sanitäre Einrichtungen und als Beschlagteile. In großem Umfang dient Neusilber zur Herstellung von Löffeln, Gabeln, Messerheften und anderen Tafelgeräten, da es sich als Grundmetall für eine aufzubringende Versilberung ohne Zwischenvernicklung hervorragend eignet. Weitere Verwendungszwecke sind in der Uhrenindustrie, bei optischen und elektrischen Geräten gegeben sowie für Reißzeuge, Musikinstrumente und Schmuckwaren. Federhartes Band aus Ns 62 18 wird bevorzugt zur Herstellung von Kontaktfedern in Schaltgeräten und Telefonwählern verwendet.

Für den Formguß gibt es eine Reihe von Neusilbergußlegierungen, die jedoch bis jetzt noch nicht genormt wurden. Sie enthalten außer den genannten Metallen z. T. noch weitere Zusätze wie Mangan, Zinn u. a. Sie werden zur Herstellung von Armaturen (Wasserhähne), Beschlagteilen u. ä. verwendet.

2. Eigenschaften. Tabelle 18 (S. 37) enthält Richtwerte der Festigkeitseigenschaften der genormten Knetlegierungen. Diese Richtwerte gelten für alle Halbzeugarten, jedoch sind je nach Form und Abmessung gewisse Abweichungen möglich. Wenn man von den Legierungen Ns 47 12 und Ns 47 11 Pb mit dem niedrigen Kupfergehalt absieht, ist deutlich der härtesteigernde Einfluß des Nickelgehaltes zu erkennen.

Die physikalischen Eigenschaften der Neusilberlegierungen finden sich in Tabelle 19.

Tabelle 19. *Physikalische Eigenschaften von Neusilber.*

Legierung	Spez. Gewicht g/cm³	Schmelzbereich °C	Elektr. Leitfähigkeit m/Ohm · mm²	Wärmeausdehnungskoeffizient für 20—300° $10^{-6}/°C$
Ns 47 12	8,4	910—950	4,1	15
Ns 47 11 Pb	8,4	910—940	4,5	16
Ns 57 12 Pb	8,6	950—1020	4,0	15
Ns 62 18 Pb	8,7	1025—1100	3,3	15
Ns 65 12	8,7	1000—1050	4,3	15
Ns 62 18	8,7	1025—1100	3,5	16
Ns 60 25	8,8	1070—1150	3,0	17

Von besonderer Bedeutung ist jedoch die Korrosionsbeständigkeit dieser Legierungen, die mit steigendem Nickelgehalt deutlich zunimmt. Insbesondere die Anlaufbeständigkeit und Beständigkeit gegen schwache Säuren werden durch den Nickelzusatz im Vergleich zu den verwandten Messinglegierungen verbessert. Wie das Silber besitzt Nickel eine gewisse Empfindlichkeit gegen Schwefel, die auch auf das Neusilber übertragen wird. In schwefelhaltiger Luft überziehen sich die genannten Metalle mit einer bräunlichen Anlaufschicht, die aber mit den üblichen Metallputzmitteln leicht entfernt werden kann.

3. Verarbeitung. Die Verarbeitung des Neusilbers ist nach den gleichen Verfahren wie bei Messing möglich. Die reinen α-Legierungen eignen sich für die spanlose Verformung sehr gut, insbesondere zum Tiefziehen und Prägen. Notwendige Zwischenglühungen müssen bei 650 bis 750° ausgeführt werden. Zur Erzielung eines feinen Korns ist wie bei Messing auf eine ausreichende Kaltverformung vor dem Glühen zu achten.

Für Zerspanungsarbeiten kommen die bleihaltigen Legierungen Ns 62 18 Pb, Ns 57 12 Pb und besonders die (α+β)-Legierung Ns 47 11 Pb in Betracht, die alle drei auf Automaten kurze, spritzige Späne ergeben. Die Verarbeitung auf Automaten erfolgt unter den gleichen Schnittbedingungen wie bei Messing Ms 58.

Für das Löten von Neusilber werden je nach der Höhe des Schmelzpunktes der Legierung entweder Silberlote nach DIN 1734 oder Neusilberlote benutzt. Letztere enthalten zur Herabsetzung des Schmelzpunktes etwa 2% Zinn oder 1% Silber.

Als Flußmittel dienen Borax oder die handelsüblichen Pasten. Auch für das Schweißen gelten die unter Messing aufgeführten Vorschriften. Bei Neusilber kann ebenfalls eine Zinkverdampfung eintreten, so daß auf reichlichen Sauerstoffüberschuß in der Schweißflamme zu achten ist.

IV. Kupfer-Nickel.

1. Einteilung und Verwendung.

Eine fast gleich große technische Bedeutung wie Neusilber besitzen die Kupfer-Nickel-Legierungen, die sich durch die Abwesenheit von Zink gegen Neusilber abgrenzen. Die Metalle Kupfer und Nickel sind im flüssigen wie im festen Zustand in jedem Verhältnis ineinander löslich, so daß praktisch eine ununterbrochene Legierungsreihe möglich ist. Da sich auch die Eigenschaften mit dem Legierungsverhältnis allmählich ändern, besteht die gesamte Reihe aus technisch nutzbaren Legierungen. In Deutschland sind die Kupfer-Nickel-Legierungen mit 5%, 10%, 15%, 20%, 25% und 30% Nickel bekannt. Durch Zusatz von 0,5 bis 1% Eisen erfahren die Kupfer-Nickel-Legierungen eine Verbesserung ihrer Beständigkeit gegen das aggressive, belüftete Seewasser. Daraus ergibt sich ihre besondere Eignung für Kondensatorrohre und Seewasserleitungen im Schiffbau.

Da bei einem Nickelgehalt von mehr als 25% die Farbe rein weiß ist, dienen Kupfer-Nickel-Legierungen mit 25 und 30% Nickel zur Prägung von Münzen. Als Widerstandswerkstoffe in der Elektrotechnik werden die Legierungen mit 30 bis 45% Nickel verwendet, vielfach unter Zusatz von Mangan.

Tabelle 20 gibt einen Überblick über die Zusammensetzung der gebräuchlichen Kupfer-Nickel-Legierungen und deren Verwendung.

Tabelle 20. *Zusammensetzung der Kupfer-Nickel-Legierungen.*

Kurzzeichen	Zusammensetzung in %				Verwendungsgebiete
	Ni	Mn	Fe	Cu	
CuNi 5	4—6	—	—	Rest	korrosionsbest. Drähte und Schmiedestücke
CuNi 10	9—11	—	—	Rest	zum Versilbern geeignet, Leonische Drähte
CuNi 15	14—16	—	—	Rest	für Münzen, tiefgezogene Hohlkörper, Plattierungen
CuNi 20	20—22	—	—	Rest	wie CuNi 15
CuNi 25	24—26	—	—	Rest	bevorzugte Münzlegierung sonst wie CuNi 15
CuNi 30	30—32	—	—	Rest	Schanktische, Rohre und Bleche für chemische Industrie
CuNi 45	44—46	0—1,0	—	Rest	Widerstandswerkstoff
CuNi 5 Fe	4—6	0,3—0,8	0,9—1,5	Rest	Leitungsrohre für Seewasser
CuNi 10 Fe	9—11	0,3—0,8	0,7—1,5	Rest	Kondensatorrohre (siehe DIN 1785),
CuNi 20 Fe	20—22	0,5—1,5	0,5—1,5	Rest	
CuNi 30 Fe	30—32	0,5—1,5	0,5—1,5	Rest	
CuNi 30 Mn	29—31	2,5—3,5	—	Rest	Widerstandswerkstoff

Kupfer-Nickel.

2. Eigenschaften. Die bevorzugt für Kondensatorrohre nach DIN 1785 verwendeten drei Kupfer-Nickel-Legierungen CuNi 10 Fe, CuNi 20 Fe und CuNi 30 Fe sind mit ihren physikalischen Eigenschaften in Tabelle 21 und mit ihren Festigkeitseigenschaften in Tabelle 22 aufgeführt.

Tabelle 21. *Physikalische Eigenschaften der Kupfer-Nickel-Legierungen CuNi 10 Fe, CuNi 20 Fe und CuNi 30 Fe für Kondensatorrohre.*

Werkstoff	Spez. Gewicht g/cm³	Unterer Schmelzpunkt °C	Wärmeleitfähigkeit cal/cm·sec·°C	Wärmeausdehnungskoeffizient für 20—300° 10^{-6}/°C	Elastizitätsmodul kg/mm²
CuNi 10 Fe	8,95	1160	0,12	16,3	12 500
CuNi 20 Fe	8,95	1190	0,09	15,9	13 000
CuNi 30 Fe	8,94	1240	0,07	15,4	13 700

Tabelle 22. *Festigkeitseigenschaften der Kupfer-Nickel-Legierungen CuNi 10 Fe, CuNi 20 Fe und CuNi 30 Fe für Kondensatorrohre* (nach DIN 1785).
Siehe Fußnote Seite 4.

Werkstoff	Zustand	Streckgrenze kg/mm²	Zugfestigkeit kg/mm² mindestens	Dehnung (δ_{10}) % mindestens
CuNi 10 Fe	F 32 (halbhart)	12—18	32	30
CuNi 20 Fe	F 34 (weich)	12—18	34	35
	F 38 (halbhart)	18—25	38	25
CuNi 30 Fe	F 35 (weich)	12—18	35	35
	F 40 (halbhart)	18—25	40	25

Eine weitere hervorstechende Eigenschaft der Kupfer-Nickel-Legierungen ist ihre gute Warmfestigkeit, weswegen sie bei neuzeitlichen Dampfkesselanlagen als Speisewasservorwärmer-Rohre verwendet werden.

In der Tabelle 23 sind für den Werkstoff CuNi 20 Fe die Festigkeitswerte bei höheren Temperaturen zusammengestellt.

Tabelle 23. *Warmfestigkeit von Kupfer-Nickel CuNi 20 Fe.*

Temperatur in °C	20	200	400	600
Zugfestigkeit in kg/mm²	40	37	32	25
Dehnung in %	30	28	22	9

3. Verarbeitung. Alle Kupfer-Nickel-Legierungen eignen sich gut zur spanabhebenden Bearbeitung. Eine spanlose Verformung ist ebenfalls kalt und warm gut möglich. Deshalb können die Kupfer-Nickel-Legierungen als Halbzeuge in Form von Drähten, Bändern, Rohren und Stangen geliefert werden. Die Legierungen lassen sich auch gut nach allen bekannten Verfahren löten und schweißen. Das Weichglühen soll bei möglichst niedriger Temperatur vorgenommen werden, im allgemeinen zwischen 550 und 650°, je nach der Höhe des Nickelgehalts.

V. Bronze.

Als Bronzen bezeichnet man Kupferlegierungen mit mehr als 60% Kupfer, die Zusätze von einem oder mehreren Elementen enthalten, von denen das wichtigste nicht Zink sein darf.

A. Zinnbronze und Mehrstoff-Zinnbronze.

1. Allgemeines. Die ältesten und wichtigsten Bronzen sind die durch Zusatz von Zinn zum Kupfer gebildeten Zinnbronzen, die, weil sie meist etwas Phosphor enthalten, auch als „Phosphorbronzen" bezeichnet werden. Diese Benennung ist ebenso wie der frühere Name „Walzbronze" zu vermeiden.

Zur Herstellung von Bändern, Drähten, Rohren und anderen Halbzeugen dienen die *Knetlegierungen* (nach DIN 17 662), die in Tabelle 24 mit ihrer Zusammensetzung und den wichtigsten Anwendungsgebieten aufgeführt sind.

Die hohe chemische Beständigkeit der Zinnbronzen führt zur umfangreichen Verwendung in der chemischen Industrie und auch im Schiffbau. In der Papierindustrie werden Holländermesser und Knotenfangsiebe aus Zinnbronze gefertigt; der Schiffbau kennt seewasserbeständige Wellenbezüge, die Elektrotechnik Federn an elektrischen Geräten und Fernmeldeanlagen, die Uhrenindustrie Spiralen für Unruhen. Im Maschinenbau werden Zinnbronzen verwendet für hochbeanspruchte, korrosionsfeste Zahnräder, Achsen,

Tabelle 24. *Zusammensetzung und Verwendung der gekneteten Zinnbronzen* (nach DIN 17 662). Siehe Fußnote Seite 4.

Kurzzeichen	Zusammensetzung					zulässige Verunreinigungen in %			Anwendungsgebiete
	% Sn	% Zn	% Pb	% P	Cu	Pb	Zn	Sonstige	
SnBz 2	1—2	—	—	bis 0,1	Rest	0,05	0,3	0,2	Kondensatorrohre, Schlauchrohre, Schrauben, Federn
SnBz 4	3—5	—	—	bis 0,4	Rest	0,05	0,3	0,2	Schrauben
SnBz 6	5—7	—	—	bis 0,4	Rest	0,05	0,3	0,2	Federn, Membranen, Drahtgewebe
SnBz 8	7,5—9	—	—	bis 0,4	Rest	0,05	0,3	0,2	wie SnBz 6, Gleitorgane, Werkstücke mit erhöhter Korrosionsbeständigkeit
MSnBz 4	3—5	3—5	—	bis 0,1	Rest	0,05	—	0,2	wie SnBz 6
MSnBz 6	5—7	5—7	—	bis 0,1	Rest	0,05	—	0,2	wie MSnBz 4, jedoch mit höherer Festigkeit
MSnBz 4 Pb	3—5	3—5	3—5	bis 0,1	Rest	—	—	0,2	Gleitorgane aller Art, gerollte Lagerbüchsen

Dichtungssitze, wie auch für Metallschläuche und Federungskörper. Auch als Lagerwerkstoffe kommen Zinnbronzen zum Einsatz.

Die entsprechenden *Gußlegierungen* sind in DIN 1705 genormt. Tabelle 25 gibt eine Übersicht über diese durch Festigkeit und chemische Beständigkeit ausgezeichneten Legierungen.

Tabelle 25. *Gußzinnbronze* (nach DIN 1705). Siehe Fußnote Seite 4.

Kurzzeichen	Zusammensetzung		zulässige Verunreinigungen in %			Verwendungsgebiete
	% Sn	% Cu	Sb	Fe	Sonstige	
G–SnBz 20	20—22	78—80	0,5	0,3	1,0 Pb, 0,2 Mn, 0,01 Bi, 0,01 Al, 0,01 Mg, 0,05 S, 0,15 As, 0,5 Ni	Glocken, Spurlager, Verschleißplatten
G–SnBz 14	13—15	85—87	0,2	0,2		Gleitlager, Schneckenkränze, Hochdruckarmaturen
G–SnBz 12 GZ–SnBz 12 [1]	11—13	87—89	0,1	0,2		Schneckenräder, Spindelmuttern
G–SnBz 10	9—11	89—91	0,1	0,2		Turbinenräder, Gehäuse, Armaturen, Schnecken- und Zahnräder

[1] Das Zeichen „GZ" zeigt an, daß die Legierung für Schleuderguß verwendet wird, bzw. daß ein Werkstück aus Schleuderguß hergestellt wurde.

Auch dem Laien bekannt ist die Verwendung der Guß-Zinnbronze zum Glockenguß. Durch den Zinngehalt besitzen die Bronzen die notwendige geringe Dämpfung, sie werden für diese Aufgabe von keinem anderen Metall erreicht oder gar übertroffen. Daneben steht die Verwendung von Bronzeguß im allgemeinen Maschinenbau. Vorstehende Tabelle 25 nennt einige der wichtigsten Anwendungsbeispiele. Wie beim Rotguß führt das Schleudergußverfahren bei gleicher Zusammensetzung zu wesentlich höheren Festigkeitswerten.

2. Eigenschaften. Die wichtigste Eigenschaft der Zinnbronze ist ihre hervorragende Festigkeit, verbunden mit ausgezeichneter Korrosionsbeständigkeit und — soweit der Zinngehalt etwa 10% nicht übersteigt — guter Verformbarkeit. Einer umfangreicheren Verwendung steht allerdings der hohe Preis entgegen, da für Zinn im Mittel das Vierfache des Kupferpreises bezahlt werden muß. Der bei den Mehrstoff-Zinnbronzen und den Rotgußlegierungen eingeschlagene Weg, einen Teil des Zinns durch das billige Zink zu ersetzen, hat hier teilweise einen Ausweg gewiesen, da diese Legierungen ähnlich hohe Festigkeitseigenschaften bei nur wenig verschlechterter chemischer Beständigkeit besitzen. Insbesondere haben die bleifreien Mehrstoff-Zinnbronzen fast gleich gute Federungseigenschaften wie SnBz 6 und SnBz 8.

Tabelle 26 enthält Richtwerte der Festigkeitseigenschaften für alle genormten Zinnbronzen, die allerdings je nach Abmessung und Halbzeugart gewisse Abweichungen aufweisen können.

Unter den physikalischen Eigenschaften wird die elektrische Leitfähigkeit am stärksten vom Zinngehalt beeinflußt, wie aus Abb. 20 und Tabelle 27 ersichtlich ist.

Die Schmelzpunkte der Kupfer–Zinn-Legierungen hängen ebenfalls stark vom Zinngehalt ab. Kennzeichnend für sie ist der große Abstand zwischen oberem und

Tabelle 26. *Festigkeitseigenschaften der genormten Zinnbronzen (Richtwerte).*

Benennung	Kurzzeichen	Zustand	Zugfestigkeit kg/mm²	Bruchdehnung (δ_{10}) %	Brinellhärte (10 D²) kg/mm²
Zinnbronze	SnBz 2	weich	27	48	60
		halbhart	32	23	90
		hart	38	10	105
		federhart	48	3	120
	SnBz 4	weich	33	54	75
		halbhart	40	30	110
		hart	46	14	130
		federhart	60	5	150
	SnBz 6	weich	37	58	80
		halbhart	44	34	120
		hart	52	16	145
		federhart	66	6	165
	SnBz 8	weich	40	60	85
		halbhart	48	36	130
		hart	56	18	155
		federhart	72	7	175
Mehrstoff-Zinnbronze	MSnBz 4	weich	35	50	75
		halbhart	42	22	110
		hart	49	11	140
		federhart	63	6	165
	MSnBz 6	weich	39	52	85
		halbhart	47	23	125
		hart	55	13	160
		federhart	70	7	185
	MSnBz 4 Pb	weich	33	40	70
		halbhart	40	18	105
		hart	46	8	135
			Streckgrenze kg/mm²	Zugfestigkeit kg/mm²	Bruchdehnung (δ_5) %	Brinellhärte (10 D²) kg/mm²
Guß-Zinnbronze	G–SnBz 20		14/20 [1]	15/22 [1]	0/1 [1]	170/200 [1]
	G–SnBz 14		14/17	20/25	3/5	85/115
	G–SnBz 12		13/16	24/28	8/20	80/95
	GZ–SnBz 12 (Schleuderguß)		15/17	28/32	8/15	95/110
	G–SnBz 10		12/15	22/28	15/20	60/75

[1] Nach DIN 1705. Die niedrigeren Zahlen sind Mindestwerte, die bei der Abnahme erreicht werden müssen. Die höheren Werte können bei der Bemessung durch den Konstrukteur zu Grunde gelegt werden.

unterem Schmelzpunkt. Tabelle 27 enthält die Zahlenwerte für einige reine Zinnbronzen.

Der zur Beurteilung der Federungseigenschaften wichtige Elastizitätsmodul liegt für die gekneteten Zinnbronzen bei etwa 12 000 kg/mm².

Der Wärmeausdehnungskoeffizient für den Bereich von 20 bis 300° C beträgt für die Zinnbronzen $18 \cdot 10^{-6}$/° C.

Aluminiumbronze. 45

Der Zinnanteil der Legierungen kann auf der Oberfläche eine gut haftende Schutzschicht bilden, die den Zinnbronzen eine außerordentliche Beständigkeit gegen einen chemischen Angriff verleiht. Diese Beständigkeit kommt der des Kupfers gleich oder übertrifft sie in vielen Fällen.

Tabelle 27. *Physikalische Eigenschaften einiger Zinnbronzen.*

Kurzzeichen	Elektr. Leitfähigkeit m/Ohm · mm²	Spez. Gewicht g/cm³	unterer	oberer
			Schmelzpunkt ° C	
SnBz 2	18	8,9	1005	1070
SnBz 4	12	8,9	950	1055
SnBz 6	9	8,8	910	1040
SnBz 8	7	8,8	875	1025
G–SnBz 10	6	8,8	840	1005
G–SnBz 14	5	8,8	800	970
G–SnBz 20	5	8,9	800	885

3. Verarbeitung. Die knetbaren Zinnbronzen mit höchstens 10% Zinn lassen sich gut kalt verarbeiten, wie walzen und ziehen, besonders, wenn nach dem Gießen der Walzblöcke eine Homogenisierungsglühung bei etwa 800° vorgenommen wird. Eine spanabhebende Bearbeitung ist wegen der natürlichen Härte der Zinnbronzen auf Drehbänken und sogar auf Automaten möglich. Zinnbronzen können ohne Schwierigkeiten hartgelötet werden, wobei als Lote Drähte aus Messinglot LMs 60 nach DIN 1733 oder aus Silberlot LAg 8 oder LAg 12 nach DIN 1734 verwendet werden. Die für Messing und Kupfer üblichen Flußmittel sind auch bei Zinnbronzen brauchbar. Beim Autogenschweißen der Zinnbronzen ist auf eine neutrale Flamme zu achten. Als Zusatzmaterial dienen dabei Drähte der gleichen Zusammensetzung.

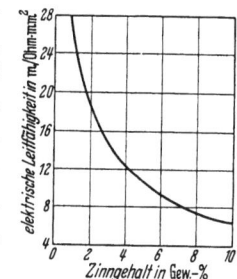

Abb. 20. Elektrische Leitfähigkeit von Zinnbronze.

Das Beizen von geglühter Zinnbronze zur Entfernung des Glühzunders erfolgt in heißer 15%iger Schwefelsäure. Ein Anlaufen wird vermieden durch Nachbehandlung mit 1%iger Weinsäurelösung. Für die als Kontakte dienenden Federn in elektrischen Geräten wird eine blanke Oberfläche verlangt, die nur durch Brennen in Salpetersäure zu erreichen ist.

B. Aluminiumbronze.

Diese Legierungsgruppe, die sich durch sehr gute Korrosionsbeständigkeit und hohe Warmfestigkeit auszeichnet, umfaßt mehrere Legierungen, die neben Kupfer bis zu 11% Aluminium und gegebenenfalls weitere Zusätze von Eisen, Mangan und Nickel enthalten. Die Neufassung des Normblatts der Aluminiumbronze-Knetlegierungen lag bei Erscheinen dieses Buches noch nicht vor. Es wird voraussichtlich die in Tabelle 28 genannten Legierungen umfassen. DIN 1714 enthält die genormten Guß-Aluminiumbronzen, die ebenfalls in Tabelle 28 aufgeführt sind.

Tabelle 28. *Zusammensetzung und Verwendungsgebiete der Aluminiumbronzen.*

Benennung	Kurzzeichen	% Al	% Fe	% Mn	% Ni	Cu	Verwendungsgebiete
Aluminiumbronze	AlBz 4	4	—	—	—	Rest	Chem. und Papierindustrie, Schiffbau
	AlBz 5	5	—	—	—	Rest	Säurebeständige Rohre für Wärmeaustauscher, chem. Industrie
	AlBz 9	9	—	—	—	Rest	Schiffbau, korrosionsfeste Teile hoher Festigkeit für chemische und Papierindustrie
Mehrstoff-Aluminiumbronze	MAlBz 10	10	0,5—5,0	0—5,0	0—3,5	Rest	wie AlBz 9, Gleitlager
Guß-Aluminiumbronze [1]	G—AlBz 9	8—10	—	—	—	Rest	Armaturen usw. für chem. und Nahrungsmittelindustrie
Guß-Mehrstoff-Aluminiumbronze [1]	G—FeAlBz	8,5—11,5	1,5—4,5	bis 1,0	bis 1,0	Rest	Säurebeständige Armaturen für chemische Industrie, Schiffbau, Bergbau usw., hohe Warmfestigkeit
	G—NiAlBz	8,5—11,5	2—6	bis 3,0	2,5—6,5	Rest	

[1] Nach DIN 1714. Siehe Fußnote S. 4.

Die Verwendungsgebiete der Aluminiumbronzen liegen vorwiegend bei den Industriezweigen, die auf eine besondere Beständigkeit der verwendeten Werkstoffe gegen Säuren, Sulfit- und Kalilaugen, Seewasser usw. Wert legen müssen. Chemische, Papier- und Textilindustrie, sowie der Schiffbau verwenden Bleche, Rohre, Armaturen, Zahnräder usw. aus einer der genannten Legierungen. Die Warmfestigkeit der Aluminiumbronze (mit Nickelzusatz) wird für Heißdampfarmaturen ausgenutzt. Sonderfälle der Anwendung sind funkenfreie Werkzeuge, sowie Werkzeuge zum Tiefziehen und Prägen. Die Elektrotechnik kennt Anlauf- und Dämpferstäbe für Elektromotoren aus AlBz 9 oder MAlBz 10. Diese Legierung ist auch für Gleitorgane hoher Belastbarkeit und Korrosionsbeständigkeit besonders geeignet.

Die Festigkeitseigenschaften der Aluminiumbronzen steigen mit wachsendem Aluminiumgehalt an. So beträgt die Zugfestigkeit von AlBz 4 30 bis 55 kg/mm² in Abhängigkeit vom Zustand. Die entsprechenden Werte für AlBz 5 liegen bei 35 bis über 60 kg/mm², während bei AlBz 9 Werte zwischen 40 und 70 kg/mm² gemessen werden. Bei den gegossenen Aluminiumbronzen werden Mindestwerte der Zugfestigkeit von 35 bis 60 kg/mm² verlangt. Für die Brinellhärte sind Mindestwerte zwischen 80 und 150 kg/mm² vorgeschrieben.

Durch die hohe Härte und Verschleißfestigkeit der Aluminiumbronzen ist naturgemäß ihre Verarbeitung erschwert. Insbesondere müssen für die spanabhebende Bearbeitung hochlegierte Werkzeugstähle oder besser Hartmetallwerkzeuge verwendet werden. Für die spanlose Kaltverformung — Tiefziehen, Biegen usw. — kommen nur die niedriger legierten Aluminiumbronzen AlBz 4, AlBz 5 und gelegentlich AlBz 9 in Frage. Die Legierungen mit mehr als 9% Aluminium lassen sich dagegen besser warm verformen.

Die Aluminiumbronzen lassen sich nur schwierig löten. Dagegen ist das Schweißen bei Verwendung geeigneter Flußmittel ohne weiteres möglich.

C. Bleibronze.

Bleibronzen haben lediglich als Gußlegierungen technische Bedeutung. Sie enthalten mindestens 60% Kupfer und als weiteren Hauptlegierungsbestandteil Blei bis zu 28%, in Sonderfällen bis zu 35%. Neben den reinen Bleibronzen sind Zinn-Bleibronzen aus Kupfer, Blei und Zinn üblich mit Bleigehalten bis zu 25% und Zinngehalten bis zu 10%, gegebenfalls mit weiteren Legierungszusätzen an Nickel und Zink.

Die Bedeutung der Bleibronzen liegt auf dem Gebiet der Gleitlager, besonders in Verbrennungsmotoren und Werkzeugmaschinen. Häufig werden Bleibronzen als Verbundmetall in Form einer dünnen Schicht auf Stahlstützschalen verwendet.

Einen Überblick über die in der Praxis verwendeten Bleibronzen gibt Tabelle 29 mit den Festigkeitseigenschaften und den Anwendungsbeispielen. In DIN 1716 sind diese Werkstoffe unter der zutreffenderen Bezeichnung Guß-Bleibronze und Guß-Zinn-Bleibronze genormt.

Die Zusammensetzung sowie die zulässigen Beimengungen sind in Tabelle 30 aufgeführt.

Die Verwendung der Bleibronzen macht oft eine spangebende Verarbeitung erforderlich. Diese wird unter den bei Zinnbronze üblichen Bedingungen ausgeführt.

Tabelle 29. *Festigkeitseigenschaften der Bleibronzen* (nach DIN 1716). Siehe Fußnote Seite 4.

Benennung	Kurzzeichen	Festigkeitseigenschaften [1]				Anwendungsbeispiele
		Streckgrenze kg/mm²	Zugfestigkeit kg/mm²	Dehnung (δ_5) %	Brinellhärte (HB 10) kg/mm²	
Guß-Bleibronze	G–PbBz 25	3/5	5/8	6/8	27/30	Hochbeanspruchte Verbundlager mit Stahlstützschale. Pleuellager in Verbrennungsmotoren
Guß-Zinn-Bleibronze	G–SnPbBz 5	11/14	20/24	14/18	70/85	Mittelharte Zinn–Bleibronze mit guten Gleiteigenschaften und guter Verschleißfestigkeit. Korrosionsbeständig gegen verdünnte Schwefel- und Salzsäure. Geeignet für Kalander- u. Pleuellager u. säurebeständige Armaturen
	G–SnPbBz 10	10/12	18/23	10/14	65/75	Mittelweiche Zinn–Bleibronze mit sehr guten Gleiteigenschaften u. guter Verschleißfestigkeit. Sehr korrosionsbeständig. Für hochbeanspruchte Kalander- und Fahrzeuglager mit Kantenpressung
	G–SnPbBz 15	8/11	16/22	8/12	60/70	Weiche Zinn–Bleibronze mit besonders guten Gleiteigenschaften. Beständig gegen Schwefelsäure. Für hochbeanspr. Verbundlager und säurebeständige Armaturen.
	G–SnPbBz 22	8/10	15/20	6/10	45/55	Sehr weiche Zinn–Bleibronze mit besten Gleiteigenschaften. Für Lager mit höchsten Flächendrücken und niedrigen Geschwindigkeiten. Besonders gute Notlaufeigenschaften. Geeignet für Wasserschmierung. Sehr beständig gegen Schwefelsäure. Ungünstige Gießeigenschaften.

[1] Die größeren Werte sind Richtwerte für den Konstrukteur, die kleineren Werte müssen bei der Abnahme erreicht werden.

Tabelle 30. *Zusammensetzung der Bleibronzen* (nach DIN 1716). Siehe Fußnote Seite 4.

Kurzzeichen	Zusammensetzung in %			zulässige Beimengungen in %					
	Pb	Sn	Cu	Ni	Zn	Fe	Sb	Sn+Sb+Zn	Sonstige
G–PbBz 25	18—28	—	Rest	0,4	—	0,7	—	0,7	—
G–SnPbBz 5	3— 7	9—11	Rest	1,0	1,0	0,7	0,5	—	0,3
G–SnPbBz 10	8—12	9—11	Rest	1,5	1,0	0,7	0,5	—	0,3
G–SnPbBz 15	13—18	6— 8	Rest	2,5	3,0	0,7	0,5	—	0,3
G–SnPbBz 22	18—25	2— 5	Rest	2,5	3,0	0,7	0,5	—	0,3

D. Berylliumbronze.

Die in Deutschland noch wenig bekannte Berylliumbronze ist die Kupferlegierung mit den höchsten Festigkeitseigenschaften. Sie enthält meist 2 bis 3% Beryllium und kann durch eine vorgeschriebene Wärmebehandlung ausgehärtet werden. Diese besteht aus einer Lösungsglühung bei 750 bis 800° und anschließendem Abschrecken. Darauf folgt die Auslagerung bei 250 bis 400°. Dadurch wird die Zugfestigkeit auf über 135 kg/mm^2 und die Brinellhärte auf etwa 400 kg/mm^2 erhöht. Aus Berylliumbronze werden vor allem hochwertige Federelemente hergestellt. Daneben stehen Teile mit besonders hoher Ermüdungsfestigkeit, Wärmeleitfähigkeit, chemischer Beständigkeit und hohem Verschleißwiderstand. Die Weiterverarbeitung beschränkt sich im allgemeinen auf trennende Verfahren, wie Stanzen und Schneiden. Als spanlose Verformung dieses Werkstoffs kommt meist nur das Biegen in Betracht, das tunlichst im frisch abgeschreckten Zustand vor der Auslagerung erfolgt. Der höhere Preis läßt die Verwendung von Berylliumbronze nur für Sonderfälle zu.

E. Manganbronze.

Die Manganbronzen als Kupfer-Mangan-Legierungen haben mit einem Mangangehalt bis zu 15% technische Bedeutung. Sie sind durch ihre hervorragende Warmfestigkeit ausgezeichnet und bei Temperaturen über 200° den Sondermessingen überlegen. In DIN 1726 waren die beiden Manganbronzen MnBz 1 mit etwa 1% Mangan und MnBz 14 mit 13 bis 15% Mangan genormt; daneben gibt es aber auch nichtgenormte Manganbronzen mit einem Anteil von weniger als 10% Mangan. So findet z. B. eine 5%ige Manganbronze Verwendung für Stehbolzen bei Schiffs- und Lokomotivkesseln. Als „Heißdampfbronze" für Kesselarmaturen dient die 14%ige Manganbronze, deren Festigkeitswerte bei höherer Temperatur aus Tabelle 31 zu entnehmen sind.

Tabelle 31. *Festigkeit von Manganbronze MnBz 14 bei höheren Temperaturen.*

Zustand	Zugfestigkeit in kg/mm^2			
	20°	200°	300°	400°
weich	45	40	36	26
hart	56	52	48	36

Die höher legierten Manganbronzen sind als Widerstandsmaterial in der Elektrotechnik bekannt, besonders die mit 2% Nickel legierte Mangan-Mehrstoffbronze MnMBz 12 und die mit 3% Aluminium legierte Mangan-Mehrstoffbronze MnMBz 13.

Die Verformbarkeit der Manganbronzen ist in der Wärme gut, in der Kälte etwas schwieriger möglich. Durch Kaltverformung tritt eine Härtesteigerung ein. Die Manganbronzen können unter den gleichen Bedingungen wie Sondermessing gelötet und geschweißt werden. Hinsichtlich ihrer Zerspanbarkeit gleichen sie einer harten Zinnbronze.

F. Nickelbronze.

Unter Nickelbronzen werden Kupferlegierungen mit Zinn und Nickel teilweise unter Zusatz kleiner Mengen Zink verstanden. Es handelt sich ausschließlich um Gußwerkstoffe, wie sie in Amerika schon lange üblich und neuerdings auch bei uns eingeführt werden. Sie zeichnen sich durch eine Aushärtbarkeit nach entsprechender Wärmebehandlung aus. Diese besteht aus dem Lösungsglühen bei 750°, Abschrecken in Wasser und anschließendem mehrstündigem Auslagern bei etwa 300°. Dadurch steigt die Zugfestigkeit des gegossenen Werkstoffes beispielsweise von etwa 35 kg/mm^2 auf etwa 50 kg/mm^2. Die Nickelbronzen können 5 bis 10% Zinn, bis 2% Zink und bis herauf zu 60% Nickel enthalten. Auch bei höheren Temperaturen besitzen sie hohe Festigkeit und guten Verschleißwiderstand, hingegen eine geringe Dehnung, die gewöhnlich unter 3% liegt. Wegen der gleichzeitig vorhandenen guten Korrosionsbeständigkeit eignen sie sich für gegossene Gehäuse von Heißdampfventilen, Ventilsteuerungen und für verschleißfeste Teile von Kesselspeisewasserpumpen. Die Zerspanbarkeit der Nickelbronzen ist gut, sie ergeben kurze, spritzige Späne. Wegen der hohen Härte dieser Werkstoffe sind Hartmetallwerkzeuge erforderlich.

VI. Rotguß.

1. Zusammensetzung. Unter Rotguß versteht man Gußlegierungen aus Kupfer, Zink und Zinn. Man kann Rotguß als Mehrstoff-Zinnbronze auffassen, in der das Zinn durch das billigere Zink teilweise ersetzt ist.

Rotguß ist nicht so hart wie Gußbronze, ergibt aber einen dünnflüssigeren, blasenfreien Guß. Die gebräuchlichen und genormten Rotguß-Legierungen sind in Tabelle 32 mit ihrer Zusammensetzung aufgeführt.

Tabelle 32. *Zusammensetzung von Rotguß* (nach DIN 1705). Siehe Fußnote Seite 4.

Kurzzeichen	Zusammensetzung in %				Mindestgehalt %	zulässige Höchstmengen in %			
	Sn	Zn	Pb	Cu	Sn+Cu	Pb	Sb	Fe	Sonstige
Rg 10 GZ-Rg 10[1]	9—11	≈ 4	—	85—87	95	1,5	0,3	0,2	0,2 Mn, 0,01 Bi 0,01 Al, 0,01 Mg 0,05 S, 0,15 As 0,5 Ni
Rg 5 GZ-Rg 5[1]	5—6,5	≈ 7	≈ 3	84—86	90	5,0	0,3	0,2	
Rg 4	3—5	≈ 2	≈ 1	92—94	97	2,0	0,1	0,2	
Rg A	5—8	≈ 7	≈ 4	81—87	86	6,0	0,4	0,5	

[1] Schleuderguß

2. Schmelzen und Gießen. Rotguß kann aus Neumetall, aus bereits legierten Blöcken und aus Altmaterial erschmolzen werden. Beim Einschmelzen aus Neumaterial muß verhindert werden, daß Sauerstoff in die Schmelze aufgenommen wird. Am besten wird zuerst das Kupfer unter einer Holzkohlendecke geschmolzen und mit Phosphorkupfer desoxydiert; dann wird Zinn, Zink und gegebenenfalls Blei zugegeben. Beim Einschmelzen von Blöcken und Altmaterial (Rotgußschrott) ist eine Sauerstoffaufnahme nicht zu befürchten, sie wird durch die bei der hohen Schmelztemperatur eintretende Zinkverdampfung verhindert. Wegen der Zinkverdampfung ist aber bei der Gattierung ein Abbrandverlust von 2 bis 5% der Zinkmenge einzurechnen.

Die Temperatur beim Schmelzen beträgt etwa 1200 bis 1300°, während die Gießtemperatur auf etwa 1150° zu erniedrigen ist. Beim Gießen muß die Schlackendecke sorgfältig zurückgehalten werden, weil mitgerissene Schlacken einen der häufigsten Fehler im Rotguß bilden. Die übliche Gußart ist für größere Gußstücke der trockene und für kleine Gußstücke der nasse Sandguß. Für Stangen und Blöcke lassen sich gut Dauerformen aus Metall verwenden. Zur Erzielung eines dichten, feinkörnigen Gefüges ist bei niedriger Gießtemperatur schnelle Abkühlung und Erstarrung anzustreben. Das Gefüge besteht aus den bekannten Schichtkristallen; das sogenannte Tannenbaumgefüge ist in Abb. 21 zu sehen. Wenn der Schmelzfluß Gelegenheit zur Gasaufnahme hat, etwa bei zu hoher Schmelztemperatur und zu starker Badbewegung als Folge eines zu heiß gehenden Ofens, entsteht ein poriger und blasiger Guß mit umgekehrter Blockseigerung.

Rotguß wird durch Verunreinigung fremder Metalle nicht in so starkem Maße beeinflußt wie Messing und Bronze. Die Einflüsse folgender Elemente sind aber zu beachten:

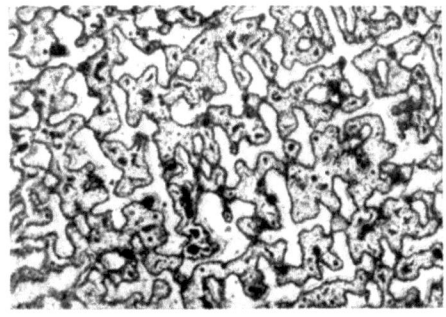

Abb. 21. Gefüge von Rotguß (Tannenbaumgefüge) bei 40facher Vergrößerung.

Aluminium beeinträchtigt die Dichtigkeit des Gusses, sofern sein Gehalt mehr als 0,1% beträgt.

Eisen beeinflußt die Dehnungswerte sehr stark, so daß sein Anteil 0,2% nicht übersteigen soll.

Phosphor bewirkt einen dünneren Fluß der Schmelze, so daß er in geringerer Menge zugelassen werden kann.

Schwefel verringert die Dehnung von Rotguß.

3. Festigkeitseigenschaften. Die mechanischen Eigenschaften der Rotguß-Legierungen hängen naturgemäß von der Art des Gusses, von der Gießform und von der Erstarrungsgeschwindigkeit ab. In der aus DIN 1705 entnommenen Tabelle 33 sind die Festigkeitseigenschaften zusammengestellt.

Tabelle 33. *Festigkeitseigenschaften*[1] *von Rotguß* (nach DIN 1705). Siehe Fußnote Seite 4.

Kurzzeichen	Zugfestigkeit kg/mm²	Streckgrenze kg/mm²	Bruchdehnung (δ_5) %	Brinellhärte (HB 10) kg/mm²
Rg 10	20/28	12/14	10/18	65/90
GZ–Rg 10	27/30	16/17	8/10	85/95
Rg 5	15/24	8/10	10/18	60/80
GZ–Rg 5	25/30	10/14	12/20	75/85
Rg 4	20/25	6/7	25/30	50/65
Rg A	15/20	8/12	6/15	60/80

[1] Die größeren Werte sind Richtwerte für den Konstrukteur, die kleineren Werte müssen bei der Abnahme erreicht werden.

Die Festigkeit bei hohen Temperaturen ist von Bedeutung, weil Rotguß auch viel für Armaturen verwendet wird. Wie Abb. 22 zeigt, ist bei der Temperatur des Sattdampfes noch keine nennenswerte Änderung der Festigkeit zu erkennen. Bei 200° ist aber schon ein merklicher und bei 300° ein sehr starker Abfall von Zugfestigkeit und Dehnung vorhanden, so daß bei Betriebstemperaturen über 200° Rotguß nicht zu empfehlen ist.

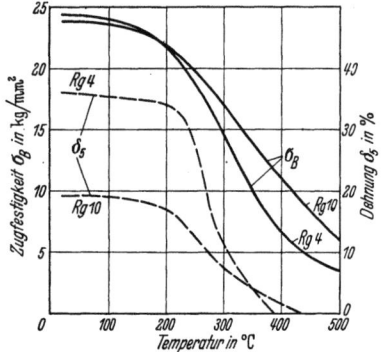

Abb. 22. Festigkeit und Dehnung von Rotguß Rg 4 und Rg 10 bei höheren Temperaturen.

4. **Verwendung.** Die Rotgußlegierungen finden überall da Anwendung, wo der Werkstoff gewisse Gleiteigenschaften und gute Korrosionsbeständigkeit besitzen muß. Rotguß 10 ist geeignet für höher beanspruchte Armaturen, Gleitlagerschalen und -büchsen, Schneckenräder, Schiffswellenbezüge und Mäntel für Papierwalzen und Kalander. Für die gleichen Zwecke ist Schleuderguß GZ–Rg 10 geeignet. Rotguß 5 kommt in Frage für Armaturen bei Wasser und Dampf bis 225°, für Lokomotivlagerschalen, Gleitplatten und mäßig beanspruchte Gleitlager. Schleuderguß GZ-Rg 5 eignet sich für hochbeanspruchte Gleitlager (auch an Stelle von Rg 10), für Schiffswellenbezüge, Schleifringe und Ventilsitze. Aus Rotguß 4 werden bevorzugt Flansche und andere Armaturenteile hergestellt. Rotguß A entspricht in seiner Zusammensetzung dem Rg 5, seine Analysentoleranzen sind jedoch so weit gespannt, daß für Rg A Abfälle in großer Menge eingeschmolzen werden können. Er findet als verhältnismäßig weiche Legierung Verwendung für Maschinengußteile und für wenig beanspruchte Gleitlager, z. B. für einfache Lager in Winden, Flaschenzügen und Handkranen wie auch für Lagerungen von Schalthebeln an Maschinen.

Soweit eine Bearbeitung der Gußstücke erforderlich ist (Sitze, Bohrungen) erfolgt sie wie bei Ms 58.

Einteilung der bisher erschienenen Hefte nach Fachgebieten (Fortsetzung)

II. Spangebende Formung (Fortsetzung)

	Heft
Außenräumen. 2. Aufl. Von A. Schatz.	80
Das Schleifen und Polieren der Metalle. 5. Aufl. Von H. Staudinger.	5
Spitzenloses Schleifen I — Maschinenaufbau und Arbeitsweise —. Von W. Hofmann	97
Spitzenloses Schleifen II — Zusatzvorrichtungen, Genauigkeits- und Schönheitsschliff —. Von W. Hofmann.	107
Läppen. Von H. H. Finkelnburg.	105
Werkzeugschleifen. Von A. Rottler.	94
Feilen. 2. Aufl. Von B. Buxbaum†.	46
Das Sägen der Metalle. 2. Aufl. Von J. Hollaender.	40
Die Fräser. 4. Aufl. Von E. Brödner.	22
Das Fräsen. 3. Aufl. Von Dipl.-Ing. H. H. Klein (Im Druck).	88
Nachformeinrichtungen für Drehbänke (Kopierdrehen). Von C. H. Stau.	113
Die wirtschaftliche Verwendung von Einspindelautomaten. 2. Aufl. Von H.H. Finkelnburg	81
Die wirtschaftliche Verwendung von Mehrspindelautomaten. 2. Aufl. Von H.H. Finkelnburg	71
Werkzeugeinrichtungen auf Einspindelautomaten. 2. Aufl. Von F. Petzoldt.	83
Werkzeugeinrichtungen auf Mehrspindelautomaten. Von F. Petzoldt.	95
Maschinen und Werkzeuge für die spangebende Holzbearbeitung. 2. Aufl. Von H. Wichmann	78

III. Spanlose Formung

Freiformschmiede I — Grundlagen, Werkstoff der Schmiede, Technologie des Schmiedens —. 4. Aufl. Von F. W. Duesing und A. Stodt.	11
Freiformschmiede II — Konstruktion und Ausführung von Schmiedestücken. Schmiedebeispiele —. 3. Aufl. Von A. Stodt.	12
Freiformschmiede III — Einrichtung u. Werkzeuge der Schmiede —. 2. Aufl. Von A. Stodt	56
Gesenkschmieden von Stahl I — Technologische Grundlagen der Gestaltung von Schmiedestücken und Schmiedewerkzeugen —. 3. Aufl. Von H. Kaessberg.	31
Gesenkschmieden von Stahl II — Die Gestaltung der Schmiedewerkzeuge —. 2. Aufl. Von H. Kaessberg.	58
Das Pressen und Gesenkschmieden der Nichteisenmetalle. 2. Aufl. Von A. Peter.	41
Die Herstellung roher Schrauben I — Anstauchen der Köpfe —. Von J. Berger.	39
Stanztechnik I — Schnittechnik —. 3. Aufl. Von E. Krabbe.	44
Stanztechnik II — Die Bauteile des Schnittes. —. 2. Aufl. Von E. Krabbe.	57
Stanztechnik III — Grundsätze für den Aufbau von Schnittwerkzeugen —. Von E. Krabbe	59
Stanztechnik IV — Formstanzen —. 2. Aufl. Von W. Sellin.	60
Tiefziehtechnik — Formstanzen, Gummipressen, Tiefziehen. 4. Aufl. Von W. Sellin.	25
Metalldrücken. Von W. Sellin.	117
Hydraulische Preßanlagen für die Kunstharzverarbeitung. 2. Aufl. Von H. Lindner.	82

IV. Schweißen, Löten, Gießerei

Die neueren Schweißverfahren. 7. Aufl. Von P. Schimpke.	13
Das Lichtbogenschweißen. 4. Aufl. Von E. Klosse.	43
Praktische Regeln für den Elektroschweißer. 3. Aufl. Von R. Hesse.	74
Widerstandsschweißen. 2. Aufl. Von W. Fahrenbach.	73
Das Schweißen der Leichtmetalle. 2. Aufl. Von Th. Ricken.	85
Schweißtechnische Berechnungen. Von E. Klosse.	102
Metallspritzen. Von K. Krekeler und K. Steinemer.	93
Das Löten. 4. Aufl. Von R. von Linde.	28
Fachkunde für den Modellbau. 2. Aufl. Von E. Kadlec.	72
Der Holzmodellbau I — Allgemeines, einfachere Modelle —. 3. Aufl. Von R. Löwer.	14
Der Holzmodellbau II — Beispiele von Modellen und Schablonen zum Formen —. 3. Aufl. Von R. Löwer.	17
Modell- und Modellplattenherstellung für die Maschinenformerei. 2. Aufl. Von H Jung	37
Der Gießerei-Schachtofen im Aufbau und Betrieb 4. Aufl Von Joh. Mehrtens.	10
Handformerei. 2. Aufl. Von F. Naumann.	70
Maschinenformerei. Von U. Lohse †. 2. Aufl Von H. Allendorf.	66
Formsandaufbereitung und Gußputzerei. Von U Lohse.	68
Einwandfreier Formguß. 3. Aufl Von E. Kothny.	30

(Fortsetzung 4 Umschlagseite)

If you have any concerns about our products,
you can contact us on
ProductSafety@springernature.com

In case Publisher is established outside the EU,
the EU authorized representative is:
**Springer Nature Customer Service Center GmbH
Europaplatz 3, 69115 Heidelberg, Germany**

Printed by Libri Plureos GmbH
in Hamburg, Germany